Chahul Emmanuel Sumaka
Peter I. Ater
Orefi Abu

Análise comparativa do rendimento dos pequenos agricultores de cereais e leguminosas

Chahul Emmanuel Sumaka
Peter I. Ater
Orefi Abu

Análise comparativa do rendimento dos pequenos agricultores de cereais e leguminosas

ScienciaScripts

Imprint

Any brand names and product names mentioned in this book are subject to trademark, brand or patent protection and are trademarks or registered trademarks of their respective holders. The use of brand names, product names, common names, trade names, product descriptions etc. even without a particular marking in this work is in no way to be construed to mean that such names may be regarded as unrestricted in respect of trademark and brand protection legislation and could thus be used by anyone.

Cover image: www.ingimage.com

This book is a translation from the original published under ISBN 978-620-2-02925-4.

Publisher:
Sciencia Scripts
is a trademark of
Dodo Books Indian Ocean Ltd. and OmniScriptum S.R.L publishing group

120 High Road, East Finchley, London, N2 9ED, United Kingdom
Str. Armeneasca 28/1, office 1, Chisinau MD-2012, Republic of Moldova, Europe
Printed at: see last page
ISBN: 978-620-8-20132-6

ÍNDICE

DEDICAÇÃO

Esta tese de investigação é dedicada a Deus Todo-Poderoso e à minha família, Sra. Joy Emmanuel, Mercy David, Saviour Emmanuel, Favour Emmanuel, Faith Emmanuel e Vincent Chahul.

RECONHECIMENTO

A minha profunda gratidão vai para Deus Todo-Poderoso por me ter acompanhado ao longo deste trabalho e estudos, através da abundante provisão de boa saúde, misericórdias de viagem e colaboração individual. Ele tem sido a força que puxa e empurra, através da Sua graça e misericórdia, que me trouxe até aqui.

Agradeço os esforços do meu experiente e engenhoso Supervisor Principal, Dr. P. I. Ater, pela sua orientação construtiva e comentários instrutivos, e pela forma generosa como me deu espaço e tempo para desenvolver o meu estudo. Aprecio igualmente os esforços da minha Co-orientadora, a Dra. (Sra.) Abu O., que também é Chefe do Departamento de Economia Agrícola, pelas suas críticas maternais e ordenadas que contribuíram imensamente para a conclusão bem sucedida deste estudo.

Estou também muito grato ao Diretor da Faculdade de Economia Agrícola e Extensão, Dr. A. I. Age, pela sua contribuição, de uma forma ou de outra, para o êxito desta tese.

Estou muito grato ao Sr. O. R. Akande, ao Sr. E. A. Weye e à Sra. Mercy (P.G Sch.) pelo seu apoio incansável durante o curso e o trabalho de investigação.

Em suma, os meus sinceros agradecimentos à minha família, à Sra. Joy Emmanuel, Mercy David, Saviour Emmanuel, Favour Emmanuel, Faith Emmanuel, Vincent Chahul, Sumaka Williams, Dennis Chahul, Dr. Obioh G. pelo seu apoio, em termos de orações, confiança e finanças, para que o estudo fosse realizado.

Por fim, agradeço aos meus amigos Djomo Raoul Fani, Oben Emmanuel, Berinyuy Bruno, Tamba Auguste, Zhenim John T., Okori M. Adah, Musah Theophilus, Danjuma Monday A., Barnabas Anvah J., Aondoffa Efforts, Abolarin Samuel, Nwalem Patrick, e a todos os que possam ter contribuído para o sucesso deste estudo e cujos nomes são demasiado numerosos para serem mencionados. Estou muito grato, que Deus Todo-Poderoso vos abençoe a todos.

RESUMO

É fundamental estabelecer a rentabilidade como base para a melhor seleção e combinação de empresas. Por conseguinte, este estudo foi efectuado para analisar e comparar os rendimentos dos pequenos agricultores de cereais e leguminosas no Estado de Nasarawa, na Nigéria. Foram empregues técnicas de amostragem estratificada, em várias fases e intencional para obter 174 inquiridos para o estudo. Foi utilizado um questionário estruturado para extrair informações pertinentes dos inquiridos com a ajuda de enumeradores formados. Os dados recolhidos foram analisados com recurso a estatísticas descritivas e inferenciais. Os resultados mostram que a maioria dos agricultores era do sexo masculino (62,1%). Os agricultores encontravam-se em idade ativa, com uma média de 39 anos, tanto para os cereais como para as leguminosas. A margem bruta média por hectare foi de N72, 676 e N70, 446 para os cereais e as leguminosas, respetivamente. Os resultados das regressões lineares múltiplas mostram que a dimensão da exploração, a mão de obra, as sementes, os pesticidas e os fertilizantes foram os factores de produção que influenciaram significativamente a produção dos agricultores, com valores F de 19,018 e 29,017 para os cereais e as leguminosas, respetivamente. Os resultados do teste t revelaram que não existe uma diferença significativa entre os rendimentos dos agricultores de cereais e de leguminosas a um nível de probabilidade de 5%. A idade, a dimensão do agregado familiar e a produção dos produtores de cereais, e a idade e a produção dos produtores de leguminosas, respetivamente, foram os factores socioeconómicos que influenciaram significativamente o rendimento dos inquiridos na área de estudo, a um nível de probabilidade de 5%. O valor F (1,17) é significativo ao nível de 5% de probabilidade para a diferença significativa de rendimento entre grupos. Também o valor F (1,324) não foi significativo para a diferença de rendimento dentro do grupo de agricultores. O resultado do teste t para o rendimento dos cereais e das leguminosas indicou que o rendimento dos cereais (119 087) não é significativamente diferente do rendimento das leguminosas (118 590). A falta de variedades de sementes melhoradas, o sistema de posse da terra e o elevado custo dos factores de produção foram os principais constrangimentos enfrentados pelos agricultores na área de estudo. Recomenda-se a implementação de um sistema eficaz de fornecimento de insumos, educação de adultos e formação dos agricultores para reforçar as suas capacidades.

CAPÍTULO 1. INTRODUÇÃO

1.1 Antecedentes do estudo

A Nigéria dispõe de um potencial abundante de produção de cereais e leguminosas para satisfazer a procura interna, bem como de potencial para exportar para outros países (Babatunde, 2008). No entanto, tornou-se uma tarefa árdua utilizar plenamente as potencialidades existentes para colmatar as lacunas existentes na procura interna e externa. O aumento do consumo de cereais e leguminosas na Nigéria é atribuído ao rápido crescimento da população, à exposição dos residentes urbanos a padrões alimentares e ao aumento do rendimento familiar. Os cereais e as leguminosas são consumidos regularmente nas zonas urbanas e rurais da Nigéria e constituem culturas importantes para a segurança alimentar. No entanto, são sobretudo uma cultura de rendimento para os pequenos agricultores que os produzem para gerar mais rendimento. Adedayo, (1985) sugeriu que os níveis de rendimento das comunidades rurais podem ser atribuídos a certos factores cruciais, e a compreensão destes factores pode ser a chave para a elaboração de políticas de desenvolvimento rural eficazes. Isto levou, em parte, à afirmação de Adeyemi e Kupoluyi (2003) de que um olhar mais atento aos factores determinantes do rendimento rural permite um conhecimento aprofundado dos factores que explicam os baixos rendimentos e a pobreza nas regiões rurais, onde estes agricultores rurais constituem cerca de 90% da população total (Olayemi, 2001; Olatona, 2007).

A maioria da população de agregados familiares agrícolas na Nigéria depende inteiramente das actividades agrícolas e não agrícolas para sobreviver e gerar rendimentos, ou depende destas actividades para complementar as suas principais fontes de rendimento (Banco Mundial, 1993; Obike *et al.* 2011a). Por conseguinte, os ganhos produtivos nas actividades agrícolas são um sine-qua-non para o desenvolvimento económico auto-sustentado (Mafimisebi e Oluwatosin, 2004; Obike *et al.* 2011b). A maioria dos agregados familiares agrícolas, que são a espinha dorsal da economia nigeriana, são camponeses e mal dotados em termos de recursos e rendimentos (Akinwumi, 1999; Obike *et al.* 2011c), mas estes agregados familiares agrícolas são responsáveis por 95% ou mais dos alimentos produzidos para consumo no país (Olayide, 1980; Banco Mundial, 1993; Olaitan, 2000;

Obike *et al.* 2011d).

Há provas na literatura de que a participação em actividades não agrícolas cria condições favoráveis para a redução da pobreza nas zonas rurais e, por extensão, para a segurança alimentar (FAO, 1998). Ellis (2000) e Lanjouw (1999) apresentaram como razões para esta diversificação de rendimentos observada o declínio dos rendimentos agrícolas e o desejo de se segurar contra o risco da produção agrícola. Uma série de estudos recentes na Nigéria, Okali *et al.* (2001), também aponta para o facto de que o rendimento proveniente da participação dos membros do agregado familiar em actividades não agrícolas tem contribuído significativamente para o bem-estar dos agregados familiares agrícolas na Nigéria, tal como acontece noutras partes do mundo. Por exemplo, Okali *et al.* (2001) referem que 60% dos rendimentos em dinheiro de uma família agrícola nigeriana média provêm de actividades não agrícolas, com uma média de 36% das horas de trabalho dos adultos dedicadas a actividades não agrícolas.

A distribuição inicial do rendimento do agricultor rural destaca-se como o fator determinante mais quantificável do nível de vida rural, uma vez que é o fator mais realista e o mais fiável, pois a maioria das pessoas nas zonas rurais são predominantemente agricultores. Os factores determinantes do rendimento da população-alvo servem, portanto, de indicadores sociais do seu nível de vida (Olawepo, 2010). Ater (2003) observou que a melhoria da produtividade para os pequenos agricultores nigerianos é o objetivo final para que o desenvolvimento possa ter lugar e ser sustentado. Isto porque é geralmente aceite que o pequeno agricultor é pobre, com baixa produtividade nas zonas rurais e depende principalmente da agricultura. Jiandong (2002) demonstrou que a redistribuição dos rendimentos pode melhorar significativamente a eficiência a nível agregado. Simhon e Fishman (2011) concluíram que a distribuição do rendimento determina a competitividade dos preços e, por conseguinte, afecta a eficiência da produção e a produção agregada.

Apesar da importância crescente das actividades agrícolas e não agrícolas, sabe-se muito pouco sobre o papel que desempenham nas estratégias de geração de rendimentos dos agricultores que cultivam cereais e leguminosas na Nigéria. Por conseguinte, é necessário comparar os factores que afectam o rendimento dos agricultores que cultivam cereais e leguminosas.

1.2 Declaração do problema:

O fraco crescimento registado no sector agrícola resultou na atual crise alimentar que o país atravessa. A taxa de crescimento da população excede a taxa de produção alimentar.

A taxa de crescimento dos alimentos foi fixada em 2,5% e a taxa de crescimento da população em 3,5%, o que deixa o país com um défice de 1% (CBN, 2003). O preço dos factores de produção é muitas vezes determinado pelo preço internacional, porque os factores de produção agrícola, como os fertilizantes, são muito intensivos em termos de capital; por conseguinte, muitos pequenos agricultores simplesmente não podem pagar os dispendiosos factores de produção agrícola modernos (www.ifad.org). Da mesma forma, o acesso à terra é outra área que está completamente fora do controlo dos pequenos agricultores. Eles precisam de ter uma posse segura da terra, o que é muito improvável para alguns dos agricultores mais pobres e marginais do mundo (www.ifpri.org). Outro problema que os pequenos agricultores enfrentam quando tentam aumentar a produtividade é a inacessibilidade ao crédito como os agricultores comerciais, o que também levou a um fraco desempenho na produção alimentar e à vulnerabilidade na cadeia de abastecimento. Outro fator crítico que influencia os pequenos agricultores é o acesso aos mercados. Em geral, não dispõem de instalações de armazenamento e de transformação. Além disso, têm dificuldade em distribuir e comercializar os seus produtos imediatamente após a colheita (www.ifpri.org).

Mwabu e Torbecke (2001) argumentaram que, uma vez que os agricultores rurais obtêm o seu sustento, de uma forma ou de outra, de actividades agrícolas e não agrícolas, o aumento da rentabilidade e do leque destas actividades melhoraria as condições de vida nas zonas rurais. Chirwa (2005); Penda e Asogwa (2011) argumentaram que as políticas macroeconómicas que promovem o crescimento do rendimento são susceptíveis de conduzir à redução da pobreza. Por exemplo, no que diz respeito à agricultura, as alterações nos preços incentivarão a produção agrícola e a especialização, o que, por sua vez, pode levar ao crescimento e à distribuição do rendimento através da criação de emprego e do aumento das receitas e, consequentemente, à redução da pobreza. Do mesmo modo, a nível microeconómico, as empresas que promovem o crescimento e a distribuição do rendimento e aumentam o rendimento das famílias pobres têm mais probabilidades de conduzir à redução da pobreza entre as famílias pobres. Por exemplo, a melhoria da produtividade e da produção dos agricultores conduziria ao aumento do rendimento (mantendo-se tudo igual) e, consequentemente, à redução da pobreza (Norman 1975; Ajibefun 2000 b; Ajibefun 2002; Ajibefun e Daramola 2003; Ater 2003, Penda e Asogwa, 2011).

Foram efectuados vários estudos sobre o rendimento dos agricultores na Nigéria, tais como: Babatunde (2008), que analisou a desigualdade de rendimentos na Nigéria rural: evidências a partir de dados de inquéritos a agregados familiares agrícolas. Olawepo (2010) avaliou os factores que determinam o rendimento dos agricultores rurais: A rural Nigeria experience; Ibekwe (2010) avaliou os factores determinantes do rendimento dos agregados familiares agrícolas na zona agrícola de Orlu do Estado de Imo, na Nigéria. Ibekwe *et al.* (2010) avaliaram os factores determinantes do rendimento agrícola e não agrícola entre os agregados familiares agrícolas no Sudeste da Nigéria. Penda e Asogwa (2011) analisaram a relação entre eficiência e rendimento entre os agricultores rurais na Nigéria. Obike *et al.* (2011) avaliaram os factores determinantes dos rendimentos entre as famílias de agricultores pobres da Direção Nacional do Emprego no estado de Abia, na Nigéria. Adebayo *et al.* (2012) avaliaram os factores determinantes da diversificação dos rendimentos entre as famílias de agricultores no Estado de Kaduna utilizando o modelo de regressão Tobit. No entanto, nenhum destes estudos comparou o rendimento dos pequenos agricultores que cultivam cereais e leguminosas no Estado de Nasarawa. Esta investigação era necessária para justificar o aconselhamento aos agricultores sobre a seleção e a combinação de empresas.

1.3 Questões de investigação:

U nquanto prevaleciam as circunstâncias de lucros relativos das empresas, o investigador colocou as seguintes questões;

i) Quais são as caraterísticas socioeconómicas dos pequenos agricultores que cultivam cereais e leguminosas na área de estudo?

ii) Qual é o nível de rentabilidade dos pequenos agricultores que cultivam cereais e leguminosas na zona de estudo?

iii)Quais são os efeitos da utilização de factores de produção na produção dos pequenos agricultores de cereais e leguminosas na área de estudo?

iv)Qual é o efeito das variáveis socioeconómicas nas empresas e nos rendimentos não agrícolas dos pequenos agricultores de cereais e leguminosas na zona de estudo?

v) Quais são os constrangimentos de produção enfrentados pelos pequenos agricultores de cereais e leguminosas na área de estudo?

1.4. Objectivos do estudo

O objetivo geral deste estudo era comparar o rendimento das pequenas empresas de cereais e leguminosas no Estado de Nasarawa, na Nigéria. Os objectivos específicos foram os seguintes

i) descrever as caraterísticas socioeconómicas dos pequenos agricultores que cultivam cereais e leguminosas na zona de estudo;

ii) avaliar o nível de rentabilidade dos pequenos agricultores que cultivam cereais e leguminosas na zona de estudo;

iii)determinar o efeito da utilização de factores de produção na produção das pequenas empresas de cereais e leguminosas na área de estudo;

iv)estimar o efeito das variáveis socioeconómicas no rendimento dos pequenos agricultores que cultivam cereais e leguminosas na zona de estudo;

v) examinar os constrangimentos de produção enfrentados pelos pequenos agricultores que cultivam cereais e leguminosas na zona de estudo.

1.5 Declaração de hipóteses

Com base nos objectivos específicos, foram testadas as seguintes hipóteses.

$H0_1$: As variáveis socioeconómicas não têm efeitos significativos no rendimento dos pequenos agricultores que cultivam cereais e leguminosas na zona de estudo.

HO_2 : Não existe uma relação significativa entre a utilização de factores de produção e a produção dos pequenos agricultores que cultivam cereais e leguminosas na zona de estudo.

HO_3 : Não há diferença significativa entre o rendimento das empresas de cereais e de leguminosas na área de estudo.

HO_4 : Não há diferença significativa entre os rendimentos dentro e entre as empresas de cereais e leguminosas na área de estudo.

1.6 Importância do estudo

O estudo analisou e comparou os rendimentos dos agricultores de cereais e leguminosas no Estado de Nassarawa. O resultado fornece uma imagem holística dos desafios, oportunidades e pontos de entrada existentes na produção de cereais e leguminosas. Além disso, este estudo também fornece informações sobre os custos e rendimentos incorridos pelos dois tipos de culturas na área de estudo. Por conseguinte, lançou luz sobre os esforços necessários para melhorar a produção e a distribuição das culturas. A informação gerada também pode ajudar uma série de organizações, incluindo: organizações de investigação e desenvolvimento, agricultores, políticos, fornecedores de serviços de extensão, organizações governamentais e não governamentais a avaliar as suas actividades e a redesenhar o seu modo de operações e, em última análise, a influenciar a conceção e a implementação de políticas relativas a sistemas sustentáveis e eficazes de distribuição de cereais e leguminosas.

A análise da rentabilidade dos cereais e das leguminosas oferece a oportunidade de avaliar a eficiência das operações/serviços de valor acrescentado, bem como a competitividade sistémica ao longo da cadeia de abastecimento, a fim de aumentar a produção, o comércio e o potencial de geração de rendimentos dos agricultores e de outros intervenientes. O resultado de uma avaliação do nível de rentabilidade é também importante para o desenvolvimento da política agrícola e o planeamento de recursos. Além disso, as conclusões são igualmente úteis para avaliar os factores que estão a criar obstáculos à expansão da cadeia de valor destas culturas e centrar-se em algumas das questões políticas que podem impulsionar essas actividades.

O resultado do estudo é útil na medida em que identificou opções inovadoras e disposições institucionais que serviriam de contributo para os políticos e legisladores na formulação de políticas de desenvolvimento rural. As conclusões deste estudo são igualmente úteis para investigadores e estudantes, na medida em que servirão como fonte de dados secundários para os seus trabalhos de investigação e criarão também pistas para novas investigações. Ajudará também os pequenos agricultores a concentrarem-se na produção de cereais ou de leguminosas, comparando os seus rendimentos e melhorando assim o seu nível de vida. Por sua vez, isto conduzirá à especialização e à divisão do trabalho, o que aumentará a eficiência na produção da cultura escolhida.

1.7 Âmbito e limitações do estudo

O objetivo deste estudo era comparar o rendimento das pequenas empresas produtoras de cereais e leguminosas no Estado de Nasarawa, na Nigéria. O estudo foi efectuado entre pequenas empresas produtoras de cereais e leguminosas no Estado de Nasarawa, na Nigéria, que produziam para consumo e para fins comerciais.

O estudo limitou-se a dois cereais (milho e milho da Guiné), duas leguminosas (melão e amendoim) em três áreas governamentais locais. Isto deve-se principalmente à limitação de recursos para realizar o estudo numa escala mais alargada. Como tal, o resultado da investigação reflecte as experiências dos agricultores de cereais e leguminosas na área de estudo, que podem variar das de outros estados do país.

Grande parte da informação fornecida pelos actores baseou-se na recordação, uma vez que mantinham poucos ou nenhuns registos adequados das suas actividades agrícolas. Alguns agricultores também se mostraram relutantes em responder francamente a algumas das perguntas e, devido a um lapso de memória, algumas perguntas não têm respostas exactas.

Apesar destas limitações, foram envidados esforços contínuos através de chamadas repetidas e interrogatórios persistentes para recolher informações suficientes necessárias para alcançar os objectivos deste estudo.

1.8 Definição de termos

i. O rendimento é a oportunidade de consumo e de poupança obtida por uma entidade num determinado período de tempo, que é geralmente expresso em termos monetários.

ii. Os cereais são cereais, membros da família das gramíneas, que têm geralmente caules longos e finos. As sementes destas plantas, que incluem o trigo, o arroz, o milho, a cevada, o centeio e a aveia, o milho, o milho da Guiné, são o principal alimento dos seres humanos em todo o mundo.

iii.As leguminosas são plantas com flor que produzem cápsulas de sementes. Colonizaram vários ecossistemas (desde florestas tropicais e regiões árcticas/alpinas a desertos) e foram encontradas na maior parte do registo arqueológico de plantas (Schrire *et al.* 2005). Incluem o amendoim, o melão e a soja.

iv. Pequenos agricultores: Trata-se de agricultores cujas explorações têm uma dimensão entre 1 e 2 hectares.

v. Rendibilidade: Medida da forma como uma empresa agrícola utiliza os recursos disponíveis para gerar rendimento e lucro.

vi. Produtividade: Uma medida do desempenho da exploração agrícola que indica se um agricultor utiliza a melhor tecnologia disponível para obter a produção máxima de um determinado conjunto de factores de produção.

vii. Regressão linear: É uma abordagem para modelar a relação entre uma variável dependente escalar denotada por Y e uma ou mais variáveis explicativas denotadas por X.

viii. Margem bruta: É a diferença entre a receita total e o custo variável total.

ix. Empresa agrícola: Uma componente de uma empresa agrícola, caracterizada por saídas e entradas de dinheiro com fins lucrativos.

CAPÍTULO 2. REVISÃO DA LITERATURA

2.1 Introdução

As questões relevantes deste estudo foram analisadas nos seguintes subtítulos: **2.2.1:** Perfil socioeconómico dos agricultores, **2.2.2:** Rentabilidade dos pequenos agricultores, **2.2.3:** Efeitos da utilização dos factores de produção na produção dos agricultores, **2.2.4:** Factores socioeconómicos que afectam o rendimento dos agricultores, **2.2.5:** Constrangimentos à produção agrícola, **2.3.1:** Teoria da produção **2.3.2:** Teoria do rendimento, **2.3.3:** medição do rendimento, **2.3.4:** teoria e conceito de margem bruta. **2.3.6:** modelo de regressão linear **2.3.7:** pressupostos da regressão linear,

2.2 Revisão de estudos relacionados

2.2.1 Perfil socioeconómico que afecta o rendimento dos agricultores

O contexto socioeconómico e as caraterísticas dos inquiridos desempenham um papel fundamental nas actividades agrícolas e não agrícolas. Além disso, estas caraterísticas foram utilizadas como indicadores importantes para efetuar comparações entre diferentes categorias de inquiridos (Parvin e Akteruzzaman, 2012). Verificaram que 80% dos agricultores eram de meia-idade (com idades compreendidas entre os 15 e os 49 anos) e tinham o ensino primário (43,33%). A dimensão média das famílias nessa zona era de 6,07, superior à média nacional de 4,53 (HIES, 2010), e o rácio entre homens e mulheres era de 1,18. Para além da agricultura, a navegação (8,33%), os negócios (6,67%), o comércio de peixe (6,67%) e o trabalho não agrícola (8,33%) eram as ocupações subsidiárias dominantes para os agricultores. Cerca de 63% dos agricultores eram pequenos, enquanto os grandes agricultores representavam apenas 3,33% do total. A dimensão média das explorações agrícolas por agregado familiar era de 2,20 acres. O rendimento agrícola dos inquiridos era mais elevado, ocupando 64,66% do rendimento total do agregado familiar, do que o rendimento não agrícola, que ocupava apenas 35,34% do rendimento total do agregado familiar. Parvin e Akteruzzaman (2012) estimaram a idade, a dimensão da exploração agrícola, a dimensão da família e o nível de alfabetização e concluíram que um aumento de 10% na dimensão da exploração agrícola e na dimensão da família conduziu, respetivamente, a um aumento de 2,75% e 4,8% do rendimento dos pequenos agricultores dos habitantes de *Haor* no Bangladesh. Maliwichi *et al.* (2014) relataram que a idade do agricultor, a dimensão da exploração e o número de anos de cultivo de tomate influenciaram significativamente o rendimento do agricultor na província de Limpopo, na África do Sul. O coeficiente para a idade do agricultor foi de - 0,399, o que significa que cada ano adicional na idade de um agricultor resultaria num declínio de aproximadamente 0,4 unidades na margem bruta, mantendo tudo o resto constante. A dimensão da exploração e o número de anos de experiência no cultivo de tomate foram significativos e positivos, o que significa que quanto maior for a dimensão da exploração ou o número de anos de cultivo de tomate, maior será a margem bruta. Este facto era esperado com base na teoria das economias de escala, ou seja, o custo de produção por unidade é sempre inferior nas grandes explorações. Verificou-se também que o número de anos de cultivo está significativamente correlacionado com a margem bruta, mantendo os outros factores constantes, pelo que um aumento do número de anos de cultivo conduz a um aumento correspondente da margem bruta de 0,524.

2.2.2 Rendibilidade dos pequenos agricultores

Odoemenem e Inakwu, (2011) descobriram que um produtor de arroz médio ganhava uma margem bruta de 91 338,26 nairas no Estado de Cross River, na Nigéria. Owor (2011) constatou que a análise da margem bruta dos produtores de soja no Estado de Benue, na Nigéria, era de 42 352 nairas por hectare. Ani (2010) referiu que a rentabilidade das culturas de leguminosas alimentares no Estado de Benue, na Nigéria, era de 18 959 nairas por hectare. Bimeet *al.* (2014) obtiveram uma margem bruta de 134484,9 fcfa/ha no seu estudo sobre a rentabilidade e os canais de comercialização do arroz no vale do rio Menchum, na região noroeste dos Camarões. Djomo (2014) constatou que, em média, os produtores de arroz em pequena escala obtiveram 67000 fcfa por hectare na região ocidental dos Camarões. Maliwichi *et al.* (2014) referiram que a margem bruta dos produtores de tomate variava entre R90 e R8625 na província de Linpopo, na África do Sul.

2.2.3 Efeito da utilização de factores de produção na produção dos pequenos agricultores

Odoemenem e Inakwu (2011) relataram que a produção de arroz foi regredida em fertilizantes, custo de pesticidas, dimensão da exploração agrícola, sementes de arroz, aplicação de pesticidas e variedade de arroz. Os coeficientes estimados para todas as variáveis utilizadas foram insignificantes, exceto a aplicação de pesticidas e a variedade de arroz a um nível de probabilidade de 5%. Ahmadu e Erhabor, (2012) relataram que a dimensão da exploração agrícola, a mão de obra familiar e contratada, as sementes de arroz, o fertilizante e o herbicida tiveram todos um efeito significativo na produção de arroz ao nível de 1 e 5% de probabilidade. Todos os factores de produção, exceto o fertilizante, afectaram positivamente a produção, o que estava de acordo com as expectativas a priori. Umeh e Ataborh, (2011) também relataram que a terra, a mão de obra, o fertilizante e a taxa de sementes foram significativos ao nível de 1% de probabilidade.

2.2.4 Factores socioeconómicos que afectam o rendimento dos agricultores

Parvin e Akteruzzaman (2012) avaliaram a idade, a dimensão da exploração agrícola, a dimensão da família e o nível de literacia e concluíram que um aumento de 10% na dimensão da exploração agrícola e na dimensão da família conduzia, respetivamente, a um aumento de 2,75% e 4,8% do rendimento dos pequenos agricultores dos habitantes de *Haor* no Bangladesh. Maliwichi *et al.* (2014) relataram que a idade do agricultor, a dimensão da exploração e o número de anos de cultivo de tomate influenciaram significativamente o rendimento do agricultor na província de Limpopo, na África do Sul. O coeficiente para a idade do agricultor foi de - 0,399, o que significa que cada ano adicional na idade de um agricultor resultaria num declínio de aproximadamente 0,4 unidades na margem bruta, mantendo tudo o resto constante. A dimensão da exploração e o número de anos de experiência no cultivo de tomate foram significativos e positivos, o que significa que quanto maior for a dimensão da exploração ou o número de anos de cultivo de tomate, maior será a margem bruta. Isto é o que se espera da teoria das economias de escala, ou seja, o custo de cultivo por unidade é sempre menor nas grandes explorações. Verificou-se também que o número de anos de cultivo está significativamente correlacionado com a margem bruta, mantendo os outros factores constantes, pelo que um aumento do número de anos de cultivo aumentará correspondentemente a margem bruta em 0,524.

2.2.5 Constrangimentos à produção agrícola

Maliwichi *et al.* (2014) identificaram pragas e doenças (85%), falta de água (75%), falta de insumos (40%), falta de fundos (15%), transporte (30%), mercado fiável (35%), mecanização (100%), falta de informação de marketing (75%) e distância ao mercado (75%) como constrangimentos enfrentados pelos produtores de tomate na província de Limpopo, na África do Sul.

Piebeb (2008) explicou que a prioridade mal colocada, as políticas inconsistentes, a fraca configuração institucional, os sistemas de comercialização deficientes, os insumos agrícolas inconsistentes, a deterioração das estruturas de irrigação, as tecnologias inadequadas para a produção, as disparidades e desigualdades de género, os constrangimentos ambientais, a falta de quantidades suficientes de variedades melhoradas de sementes de arroz, o pouco acesso a créditos, o fraco apoio à investigação e a formação inadequada dos agricultores são os principais constrangimentos na produção de arroz nos Camarões. Odoemenem e Inakwu, (2011) descobriram que os principais constrangimentos à produção de arroz enfrentados pelos agricultores no Estado de Cross River, na Nigéria, eram capital inadequado (82,5%), alto custo da mão de obra (67,5%), fornecimento inadequado de insumos agrícolas (64,2%), sistema de posse da terra (63,3%), alto custo de fertilizantes (78,3%), entre outros.

A longa história de domesticação e cultivo do arroz resultou na ocorrência e desenvolvimento de um grande número de insectos diversos nesta importante cultura alimentar de base. Na África Ocidental, foram registadas mais de 330 espécies de insectos no arroz *(Oryza-Sativa)*. Os números são superiores a 200 na China e 100 no Sudeste Asiático. Outros factores responsáveis pelo declínio da produção agrícola, de acordo com Abu (2007), são a baixa produtividade dos factores de produção, o elevado custo de produção, políticas governamentais inconsistentes e condições climáticas desfavoráveis. Raymond (2004) revelou que todas as formas de agricultura são ameaçadas quando se desenvolve resistência nas pragas das plantas. A posse de terra prevalecente é outro fator que, associado ao aumento da população, constitui um constrangimento à produção alimentar, especialmente porque coloca as mulheres e os agricultores pobres em desvantagem. As mulheres são as produtoras de culturas alimentares, mas, de acordo com os costumes tradicionais, não podem possuir terras. Além disso, a dimensão média das explorações agrícolas é inferior a 1 hectare por família. A pequena dimensão destas explorações torna difícil alimentar a família durante todo o ano (www.waltersmunde.tripod.com). Existem muitos obstáculos à rápida transformação da agricultura: a intransigência dos próprios agricultores, a falta de investimento nas zonas rurais, o acesso limitado à água, a deterioração do ambiente, as pressões das instituições financeiras estrangeiras para acelerar a política económica (www.waltersmunde.tripod.com). Outro constrangimento é o facto de o arroz ser uma cultura danificada por muitas pragas diferentes, tal como avaliado recentemente, os danos reais podem atingir 51% e os danos potenciais podem chegar a 83% do rendimento do arroz (Sharma *et al.* 2001). De acordo com Singh e Moya (1997), as doenças e as pragas são factores naturais importantes que limitam a produção de arroz e, em casos graves, são responsáveis por cerca de 100% das perdas de colheitas. Existem outros constrangimentos à produção sustentável de arroz na Nigéria que incluem: Baixas temperaturas durante a época baixa nas áreas irrigadas, sistemas de comercialização deficientes, deterioração das infra-estruturas de irrigação, falta recente de fornecimento de insumos e de crédito devido à reorganização dos sectores públicos, fraco apoio à investigação (www.waltersmunde.tripod.com)

2.2.6 Produção de leguminosas para grão na Nigéria

G As leguminosas de chuva incluem algumas das principais culturas alimentares e industriais do país. As principais leguminosas cultivadas na Nigéria são: amendoim, melão, soja, feijão-frade (feijão). Estas ocupam uma grande proporção da área cultivada e são cultivadas numa vasta gama de condições agro-ecológicas, embora a distribuição varie com a ecologia específica de cada zona, são cultivadas extensivamente nas zonas Nordeste, Noroeste e Centro-Norte, e nas regiões sub-húmidas e semiáridas (Raymond, 2004).

T s dados de produção relativos às leguminosas para grão produzidas na Nigéria para o período de 1970 a 2007 revelam que, a partir do final da década de 1980, foram registados aumentos apreciáveis da produção em algumas culturas, mas houve mudanças abruptas e grandes na produção, o que pode ser explicado pela investigação extensiva levada a cabo sobre o melhoramento de variedades pela Investigação Agrícola Internacional (IAR), pelo Instituto Internacional de Agricultura Tropical (IITA) e pelo Instituto Nacional de Investigação de Cereais (NCRI), e pela sensibilização geral criada entre os agricultores para a necessidade de aumentar a produção alimentar na sequência de programas de campanha, como a Revolução Verde e outros.

W No que respeita à produção de amendoim, a produção da cultura foi muito elevada no início da década de 1970 (19701974), registando uma média de 1,43 toneladas métricas, tendo depois descido para 0,44 MMT em 1975 e permanecido baixa até subir acentuadamente em 1988 para 1,01 MMT e, desde então, tem mostrado um aumento consistente com uma média de 1,98 MMT/ano. A produção de feijão-frade registou uma tendência incoerente de 1970 a 1984. Chegou a atingir 1,09 MMT em 1974 e desceu para 0,40 MMT em 1972 e 1 977. Em seguida, a produção aumentou de 0,88 MMT em 1988 para 1,23 MMT em 1989 e continuou a aumentar desde então, atingindo um nível de produção de 4,98 MMT em 2007. O aumento da produção de feijão-frade entre 1988 e 2007 pode ser atribuído ao desenvolvimento e à libertação, pelos institutos de investigação, de muitas variedades melhoradas da cultura, de elevado rendimento e resistentes a pragas e doenças, na década de 1980. À semelhança da tendência do feijão-frade, a produção de soja tem sido consistente. Aumentou de forma constante de 0,05 MMT em 1970 para 0,08 MMT em 1982, mas caiu para 0,04 MMT em 1983. Em seguida, a produção voltou a aumentar de forma constante a partir de 1984 e atingiu 0,30 MMT em 1989, tendo depois diminuído de 1990 a 1995. Entre 1996 e 2007, registou-se novamente uma tendência de aumento da produção. A elevada procura de soja para alimentação animal e outras utilizações industriais, bem como os preços elevados, podem ter levado à expansão da área cultivada, o que, por sua vez, pode ter levado a um aumento da produção da cultura (IITA, 2007)

2.2.7 Potencial Cerealífero da Nigéria

A cultura cerealífera nigeriana tem as mesmas caraterísticas gerais que a economia do país - as de um gigante com pés de barro. Embora a produção tenha aumentado consideravelmente nos últimos vinte e cinco anos, a procura também aumentou, acentuando a dependência da Federação em relação aos produtos cerealíferos estrangeiros e tornando-a vulnerável a choques internos e externos (Owor, 2011).

Tal como em quase todos os países da África Ocidental, o aumento da produção de cereais deve-se mais a um aumento da quantidade de terra semeada com cereais do que a qualquer melhoria significativa dos rendimentos. De acordo com as estatísticas do Banco Central da Nigéria, as terras dedicadas ao cultivo de cereais aumentaram 5% entre 1990 e 2000, em comparação com um aumento de 3% nos rendimentos médios. Os tubérculos e as raízes estão a aumentar o nível de rendimento, mas a situação é muito variável no caso dos cereais. Os rendimentos do painço e do sorgo, que representam 50% do volume de produção, estagnaram (no caso do sorgo) ou aumentaram muito lentamente, situando os rendimentos médios destes dois cereais em cerca de 1 000 kg/ha no período 2000-2006. A produção destes dois cereais aumentou por um fator de 3,8 e 3,4, respetivamente, entre 1980 e 2008 (IITA, 2011).

Piebeb (2008) opinou que o arroz e o milho se destacam dos outros cereais, com rendimentos de aproximadamente 2.000 kg/ha. No entanto, enquanto os rendimentos do milho aumentaram de cerca de 1.000 kg/ha no início da década de 1990 para aproximadamente 2.000 kg/ha em 2006, os rendimentos do arroz estagnaram em cerca de 2.000 kg/ha desde 1990. Por isso, o milho teve o melhor desempenho e tornou-se a segunda maior cultura de cereais da Federação, com um volume de produção que aumentou de 1.100.000 toneladas em 1980 para mais de sete milhões de toneladas em 2007-2008. O volume de produção de arroz aumentou por um fator de 3,4 entre 1980 e 2008, atingindo cerca de 3,7 milhões de toneladas de arroz em casca. A produção de trigo mantém-se estável em cerca de 100 mil toneladas por ano, apesar do forte investimento do governo federal na promoção deste cereal.

2.3. Quadro teórico

2.3.1. Teoria da produção.

O processo de produção implica a transformação de inputs em outputs. Olukosi e Ogungbile (1989) observaram que, num processo de produção, os inputs são convertidos em outputs. O que é introduzido no processo de produção sai como produto ou sob a forma de resíduos. O produto é a parte da produção que é valiosa para o produtor, enquanto o que não tem valor para ele é o resíduo ou produto residual. Cada processo de produção gera, portanto, alguns resíduos. Mas desde que a produção gere lucro suficiente a partir da parte valiosa do produto, o investidor fica satisfeito com o investimento.

Olayide e Heady (1982) referiram que o processo de produção é aquele em que alguns bens e serviços, designados por inputs, são transformados noutros bens e serviços, designados por outputs. Na agricultura, os factores de produção físicos com que lidamos são normalmente a terra, a gestão do capital e, mais recentemente, os recursos hídricos. Os recursos podem ser organizados numa empresa agrícola ou numa unidade de produção, cujos objectivos finais podem ser a maximização dos lucros, ou uma combinação destes, a minimização dos custos, a maximização da satisfação ou uma combinação de todos estes motivos da empresa. Sublinharam ainda que a teoria da produção apresenta o quadro teórico e empírico que facilita uma seleção adequada entre alternativas, de modo a que qualquer um ou uma combinação dos objectivos do agricultor possa ser alcançado.

Olayide e Heady (1982) referiram que a função de produção estipula a relação técnica entre os inputs e os outputs em qualquer esquema ou processo de produção. Em termos matemáticos, assume-se que esta função é contínua e diferenciável. É expressa matematicamente da seguinte forma

$$Y = F(X_1, X_2, X_3 \ldots\ldots X_n) \ldots\ldots\ldots\ldots\ldots\ldots\ldots\ldots\ldots\ldots\ldots\ldots\ldots\ldots\ldots\ldots\ldots\ldots (1)$$

Y = quantidade física de outputs e X_1, X_2, X_3, ... X_n = quantidade física de inputs.

A função de produção é um conceito da ciência física e biológica, cujos aperfeiçoamentos se desenvolveram a partir da ciência económica. Sankhayan (1988) definiu a função de produção como a contrapartida matemática do termo aplicado relação input- output, podendo essa relação ser discreta ou contínua. Uma vez que a função de produção contínua é fácil de tratar matematicamente, tornou-se, nos últimos tempos, uma abordagem muito popular entre os economistas modernos confrontados com o problema da análise do comportamento.

Olayide e Olayemi (1981) consideraram a função de produção como "um modelo matemático que exprime a relação técnica entre os factores de produção e a produção resultante". Ou seja, a função de produção define a gama de possibilidades técnicas na produção. Define a relação fator-produto no processo de produção. Por exemplo, os técnicos agrícolas consideraram-nas úteis para exprimir a relação entre o rendimento das culturas e os níveis de factores de produção (por exemplo, fertilizantes, mão de obra, etc.) na produção vegetal.

2.3.2. Teoria do rendimento

Hicks (1939) definiu o rendimento como "o montante máximo que um homem pode gastar e continuar a estar tão bem no final da semana como no início". Desde então, tem havido uma série de tentativas de aplicar esta definição. O problema é que, como Hicks reconheceu, a interpretação correta de "tão bem" não é de modo algum clara. Weitzman (1976) e Asheim (1994) sugerem que o rendimento é igual ao nível de consumo que poderia ser sustentado indefinidamente a partir do valor capitalizado do rendimento atual, o que equivale a estar tão bem no final da semana como no início. Eisner (1988) argumenta especificamente que, num "sistema de rendimentos totais", os efeitos decorrentes das variações dos preços dos activos e convencionalmente considerados como ganhos de capital devem ser incluídos no rendimento. Asheim (1994) generalizou o conceito de rendimento de Weitzman como o equivalente estacionário do consumo futuro para o caso em que as taxas de juro não são constantes. Usher (1994) definiu o rendimento como o retorno da riqueza, em que a riqueza da economia é o valor atual do seu consumo futuro. O próprio Hicks (1939) chamou a atenção para o problema de qualquer definição de rendimento como o retorno da riqueza.

2.3.3. Medição do rendimento

Os economistas utilizam a abordagem da manutenção do capital (abordagem do capital próprio ou da manutenção do capital) para determinar o rendimento de uma entidade num período. Rendimento = (capital ganho)- (capital inicial), ou rendimento = (valor de consumo dos bens/serviços) +/- (capital de mudança)

Com a abordagem do capital próprio, a dimensão do rendimento num período é determinada pela comparação do valor total ou do preço de mercado (valor justo de mercado) do capital ou dos activos líquidos no final e no início do período em causa (exceto no que diz respeito ao depósito e à retirada de capital). O rendimento é medido com base no aumento (ou diminuição) do património líquido ou do capital detido por uma entidade mais o valor (preço de mercado) dos bens ou serviços consumidos num período.

O conceito económico de rendimento sublinha o valor dos bens e/ou serviços que podem ser consumidos ou a capacidade de consumo de uma entidade. O rendimento é medido com base na capacidade de uma entidade para adquirir bens e serviços, o que muitas vezes também é referido como poder de compra (poder de compra) ou rendimento real.

Ao medir as mudanças de valor, os economistas utilizam abordagens ou pontos de vista sobre a perspetiva atual e, portanto, enfatizam o valor agora. Entretanto, o valor ou preço histórico é considerado menos relevante. O principal problema de usar o valor atual como base de medição é que o valor atual é subjetivo, especialmente se não houver ou não estiver disponível o mercado de bens ou serviços que são necessários para confirmar estes preços. As alterações (aumento ou diminuição do valor) de um produto ou serviço que não é medido com base na transação real ocorrida é chamado de lucro ou ganhos que não foram realizados (ganhos não realizados) ou perdas que não são realmente acontecer. A ênfase do poder de compra, a procura deve também considerar os efeitos da inflação (declínio no poder de compra da moeda) como um fator de ajustamento na medição do rendimento. O aumento do valor dos bens e serviços causado exclusivamente por alterações no poder de compra da moeda (neste caso, uma diminuição) não pode ser considerado como rendimento, porque o aumento do valor não foi seguido de um aumento da capacidade de consumir bens ou serviços. Por conseguinte, o rendimento, para além da capacidade económica de uma entidade, deve ser medido com base no valor de cada entidade. É necessário um índice (o valor das unidades monetárias) na altura, chamado nível de preços do ano-base ou período-base. O valor atual da rupia deve ser convertido para um valor constante do índice de preços da rupia, com base no ano.

2.3.4 Teoria e conceito da análise da margem bruta

A análise da margem bruta é um dos instrumentos analíticos mais antigos e mais simples utilizados na gestão das explorações agrícolas. Tem sido utilizada numa série de estudos económicos para analisar a rentabilidade das práticas de produção agrícola. A margem bruta, enquanto conceito de contribuição do cálculo dos custos marginais, tem sido amplamente utilizada na gestão agrícola desde 1960. Na agricultura, é geralmente designada por margem bruta ou, por vezes, lucro. A base da análise da margem bruta é o facto de a exploração agrícola ser vista como um grupo de empresas independentes e produtivas, centradas na unidade agrícola, que fornece serviços comuns e a coordenação necessária (Johnson, 1990).

A margem bruta de uma atividade agrícola é a diferença entre o rendimento bruto obtido e os custos variáveis suportados. Para uma exploração que desenvolve várias actividades diferentes, a margem bruta total é a soma da margem bruta de cada atividade (Abbot e Makehan, 1992).

A receita total representa o volume da produção da exploração (por exemplo, a quantidade física da cultura multiplicada pelo preço unitário), enquanto o custo total é o valor total de todos os factores de produção da exploração durante um determinado período de produção. É composto por duas partes: custos fixos e custos variáveis. Os custos fixos são os custos incorridos com factores de produção fixos que não se alteram com a evolução da produção. Os custos fixos são apenas a curto prazo porque, a longo prazo, todos os custos se tornam variáveis, uma vez que as condições podem justificar a alteração de todos os factores de produção. Por outro lado, os custos variáveis são os custos a curto prazo dos recursos que duram menos de um ano. Variam em função da produção e são incorridos em factores de produção variáveis que podem ser atribuídos a uma empresa específica (Olukosi e Ogungbile, 1982).

A diferença entre as receitas e os custos totais dá uma medida do rendimento líquido. Para obter o rendimento líquido da exploração, os custos totais são subtraídos às receitas totais que podem ser obtidas a partir de recursos limitados. A margem bruta é a diferença entre o rendimento bruto da exploração (RB) e o custo variável total (CVT). É um instrumento de planeamento útil em situações em que o capital fixo é uma parte negligenciável das empresas agrícolas, como no caso da agricultura de subsistência de pequena escala (Olukosi e Erhabor, 1988).

2.3.5 Quadro analítico

2.3.6 Modelo de Regressão Linear

A regressão linear é uma abordagem para modelar a relação entre uma variável dependente escalar e uma ou mais variáveis explicativas, designadas *por X.* O caso de uma variável explicativa é designado por regressão linear simples. Para mais do que uma variável explicativa, o processo é designado por regressões lineares múltiplas (Freedman, 2009) (este termo deve ser distinguido da regressão linear multivariada, em que são previstas múltiplas variáveis dependentes correlacionadas em vez de uma única variável escalar). Na regressão linear, os dados são modelados usando funções preditoras lineares, e os parâmetros desconhecidos do modelo são estimados a partir dos dados. Estes modelos são designados por modelos lineares. Mais comummente, a regressão linear refere-se a um modelo em que a média condicional de Y dado o valor de X é uma função afim de X. Menos comummente, a regressão linear pode referir-se a um modelo em que a mediana, ou outro quantil da distribuição condicional de y dado X, é expressa como uma função linear de X. Como todas as formas de análise de regressão, a regressão linear centra-se na distribuição de probabilidade condicional de y dado X, e não na distribuição de probabilidade conjunta de y e X, que é o domínio da análise multivariada (Tibshirani, 1996)

Tibshirani (1996) explicou que a regressão linear foi o primeiro tipo de análise de regressão a ser estudado com rigor e a ser amplamente utilizado em aplicações práticas. Isto deve-se ao facto de os modelos que dependem linearmente dos seus parâmetros desconhecidos serem mais fáceis de ajustar do que os modelos que estão relacionados de forma não linear com os seus parâmetros e porque as propriedades estatísticas dos estimadores resultantes são mais fáceis de determinar.

A regressão linear tem muitas utilizações práticas. A maioria das aplicações enquadra-se numa das duas grandes categorias seguintes:

• Se o objetivo for a predição, a previsão ou a redução, a regressão linear pode ser utilizada para ajustar um modelo preditivo a um conjunto de dados observados de valores Y e X. Depois de desenvolver esse modelo, se for dado um valor adicional de X sem o valor de Y que o acompanha, o modelo ajustado pode ser utilizado para fazer uma previsão do valor de y.

• Dada uma variável Y e um número de variáveis X_1, ... X_p que podem estar relacionadas com y, a análise de regressão linear pode ser aplicada para quantificar a força da relação entre y e X_j, para avaliar que X_j pode não ter qualquer relação com Y e para identificar que subconjuntos de X_j contêm informação redundante sobre Y.

Tibshirani (1996) também explicou que os modelos de regressão linear são muitas vezes ajustados utilizando a abordagem dos mínimos quadrados, mas também podem ser ajustados de outras formas, como minimizando a "falta de ajuste" numa outra norma (como na regressão dos mínimos desvios absolutos), ou minimizando uma versão penalizada da função de perda dos mínimos quadrados, como na regressão de cumeeira (penalização da norma L2) e laço (penalização da norma L1). Por outro lado, a abordagem dos mínimos quadrados pode ser utilizada para ajustar modelos que não são modelos lineares. Assim, embora os termos "mínimos quadrados" e "modelo linear" estejam intimamente ligados, não são sinónimos.

Dado um conjunto de dados $\{y_i, x_{i1}, \ldots, x_{ip}\}_{i=1}^{n}$ de n unidades estatísticas, um modelo de regressão linear pressupõe que a relação entre a variável dependente y_i e o *p-vetor* de regressores x_i é linear. Esta relação é modelada através de um termo de perturbação ou variável de erro ε_i - uma variável aleatória não observada que acrescenta ruído à relação linear entre a variável dependente e os regressores.

Assim, o modelo assume a forma

$$y_i = \beta_1 x_{i1} + \cdots + \beta_p x_{ip} + \varepsilon_i = \mathbf{x}_i^{\mathrm{T}} \boldsymbol{\beta} + \varepsilon_i, \qquad i = 1, \ldots, n,$$

onde$^\mathrm{T}$ denota a transposição, de modo que $x_i^{\mathrm{T}}\beta$ é o produto interno entre os vectores x_i e β.

2.3.7 Pressupostos da Regressão Linear

Os modelos de regressão linear padrão com técnicas de estimação padrão partem de uma série de pressupostos sobre as variáveis preditoras, as variáveis de resposta e a sua relação. Foram desenvolvidas numerosas extensões que permitem que cada um destes pressupostos seja flexibilizado (ou seja, reduzido a uma forma mais fraca) e, nalguns casos, eliminado completamente. Alguns métodos são suficientemente gerais para poderem flexibilizar vários pressupostos de uma só vez e, noutros casos, isto pode ser conseguido através da combinação de diferentes extensões. Em geral, estas extensões tornam o processo de estimação mais complexo e moroso, podendo também exigir mais dados para produzir um modelo igualmente preciso.

Seguem-se os principais pressupostos dos modelos de regressão linear padrão com técnicas de estimação padrão (por exemplo, mínimos quadrados ordinários):

- **Exogeneidade fraca**. Isto significa essencialmente que as variáveis preditoras x podem ser tratadas como valores fixos, em vez de variáveis aleatórias. Isto significa, por exemplo, que se presume que as variáveis preditoras estão isentas de erros, ou seja, não estão contaminadas por erros de medição. Embora este pressuposto não seja realista em muitos contextos, a sua eliminação conduz a modelos de erros nas variáveis significativamente mais difíceis.

- **Linearidade**. Isto significa que a média da variável de resposta é uma combinação linear dos parâmetros (coeficientes de regressão) e das variáveis preditoras. Note-se que este pressuposto é muito menos restritivo do que pode parecer à primeira vista. Uma vez que as variáveis preditoras são tratadas como valores fixos (ver acima), a linearidade é, de facto, apenas uma restrição aos parâmetros. As próprias variáveis preditoras podem ser transformadas arbitrariamente e, de facto, podem ser adicionadas várias cópias da mesma variável preditora subjacente, cada uma transformada de forma diferente. Este truque é utilizado, por exemplo, na regressão polinomial, que utiliza a regressão linear para ajustar a variável resposta como uma função polinomial arbitrária (até um determinado grau) de uma variável preditora. Este facto torna a regressão linear um método de inferência extremamente poderoso. De facto, modelos como a regressão polinomial são frequentemente "demasiado poderosos", na medida em que tendem a ajustar-se demasiado aos dados. Como resultado, é necessário utilizar algum tipo de regularização para evitar que o processo de estimativa produza soluções pouco razoáveis. Exemplos comuns são a regressão de cumeeira e a regressão de laço. Também pode ser utilizada a regressão linear bayesiana, que, pela sua natureza, é mais ou menos imune ao problema do sobreajuste. (De facto, a regressão em cumeeira e a regressão em laço podem ser vistas como casos especiais de regressão linear Bayesiana, com tipos particulares de distribuições prévias colocadas nos coeficientes de regressão).

- Variância constante (homoscedasticidade). Isto significa que diferentes variáveis de resposta têm a mesma variância nos seus erros, independentemente dos valores das variáveis preditoras. Na prática, este pressuposto é inválido (ou seja, os erros são heterocedásticos) se as variáveis de resposta puderem variar numa escala alargada. A fim de determinar a variância heterogénea dos erros, ou quando um padrão de resíduos viola os pressupostos do modelo de homocedasticidade (o erro é igualmente variável em torno da "linha de melhor ajuste" para todos os pontos de x), é prudente procurar um "efeito de leque" entre o erro residual e os valores previstos. Isto significa que haverá uma mudança sistemática nos resíduos absolutos ou ao quadrado quando representados em relação ao resultado previsto. O erro não será distribuído uniformemente ao longo da linha de regressão. A heterocedasticidade resultará na média das variâncias distinguíveis em torno dos pontos para obter uma única variância que representa incorretamente todas as variâncias da linha. Com efeito, os resíduos aparecem agrupados e espalhados nos seus gráficos previstos para valores maiores e menores para os pontos ao longo da linha de regressão linear, e o erro quadrático médio do modelo estará errado. Normalmente, por exemplo, uma variável de resposta cuja média é grande terá uma variância maior do que uma cuja média é pequena. Por exemplo, uma determinada pessoa cujo rendimento previsto é de 100.000 dólares pode facilmente ter um rendimento real de 80.000 ou 120.000 dólares (um desvio padrão de cerca de 20.000 dólares), enquanto outra pessoa com um rendimento previsto de 10.000 dólares dificilmente terá o mesmo desvio padrão de 20.000 dólares, o que implicaria que o seu rendimento real variaria entre -10.000 e 30.000 dólares. (De facto, como isto mostra, em muitos casos - muitas vezes os mesmos casos em que o pressuposto de erros normalmente distribuídos falha - a variância ou o desvio padrão devem ser previstos como sendo proporcionais à média, em vez de constantes). Os métodos de estimação de regressão linear simples dão estimativas de parâmetros menos precisas e quantidades inferenciais enganadoras, tais como erros padrão, quando está presente uma heterocedasticidade substancial. No entanto, várias técnicas de estimação (por exemplo, mínimos quadrados ponderados e erros-padrão consistentes com a heterocedasticidade) podem lidar com a heterocedasticidade de uma forma bastante geral. As técnicas de regressão linear bayesiana também podem ser utilizadas quando se assume que a variância é uma função da média. Nalguns casos, também é possível resolver o problema aplicando uma transformação à variável de resposta (por exemplo, ajustar o logaritmo da variável de resposta utilizando um modelo de regressão linear, o que implica que a variável de resposta tem uma distribuição log-normal em vez de uma distribuição normal).

• **Independência** dos erros. Isto pressupõe que os erros das variáveis de resposta não estão correlacionados entre si. (A independência estatística efectiva é uma condição mais forte do que a mera ausência de correlação e muitas vezes não é necessária, embora possa ser explorada se se souber que existe). Alguns métodos (por exemplo, os mínimos quadrados generalizados) são capazes de lidar com erros correlacionados, embora normalmente exijam um número significativamente maior de dados, a menos que algum tipo de regularização seja usado para influenciar o modelo no sentido de assumir erros não correlacionados. A regressão linear bayesiana é uma forma geral de lidar com esta questão.

• **Ausência de multicolinearidade** nos factores de previsão. Para os métodos de estimação por mínimos quadrados padrão, a matriz de projeto X deve ter uma coluna completa de ordem $p;$ caso contrário, temos uma condição conhecida como multicolinearidade nas variáveis preditoras. Esta situação pode ser desencadeada pela existência de duas ou mais variáveis preditoras perfeitamente correlacionadas (por exemplo, se a mesma variável preditora for erradamente dada duas vezes, quer sem transformar uma das cópias, quer transformando linearmente uma das cópias). Também pode acontecer se houver muito poucos dados disponíveis em comparação com o número de parâmetros a estimar (por exemplo, menos pontos de dados do que coeficientes de regressão). Em caso de multicolinearidade, o vetor de parâmetros β não é identificável, não tem uma solução única. No máximo, será possível identificar alguns dos parâmetros, ou seja, reduzir o seu valor a um subespaço linear de $\mathbf{R}^p$ Ver regressão por mínimos quadrados parciais. De acordo com Douglas (1973), foram desenvolvidos métodos de ajustamento de modelos lineares com multicolinearidade, alguns dos quais requerem pressupostos adicionais, como a "esparsidade dos efeitos", ou seja, que uma grande fração dos efeitos é exatamente zero. Note-se que os algoritmos iterados mais dispendiosos do ponto de vista computacional para a estimativa de parâmetros, como os utilizados nos modelos lineares generalizados, não sofrem deste problema e, de facto, é bastante normal que, ao lidar com preditores de valor categórico, se introduza um preditor variável indicador separado para cada categoria possível, o que inevitavelmente introduz multicolinearidade.

2.4 Quadro concetual

As variáveis socioeconómicas dos agricultores afectam a utilização dos factores de produção agrícola, com o consequente efeito no rendimento da produção agrícola através de um processo de transformação dos factores de produção. As vendas da produção agrícola geram rendimentos agrícolas. Por outro lado, as variáveis socioeconómicas dos agricultores influenciam as actividades não agrícolas que também geram rendimentos não agrícolas. Ambos os rendimentos podem ser consumidos ou reutilizados na atividade agrícola, dependendo das caraterísticas dos agricultores que influenciam o processo de transformação. Daí as setas bidireccionais que ilustram estes efeitos mútuos. Todo o processo de transformação dos factores de produção em produção é realizado através da função de produção.

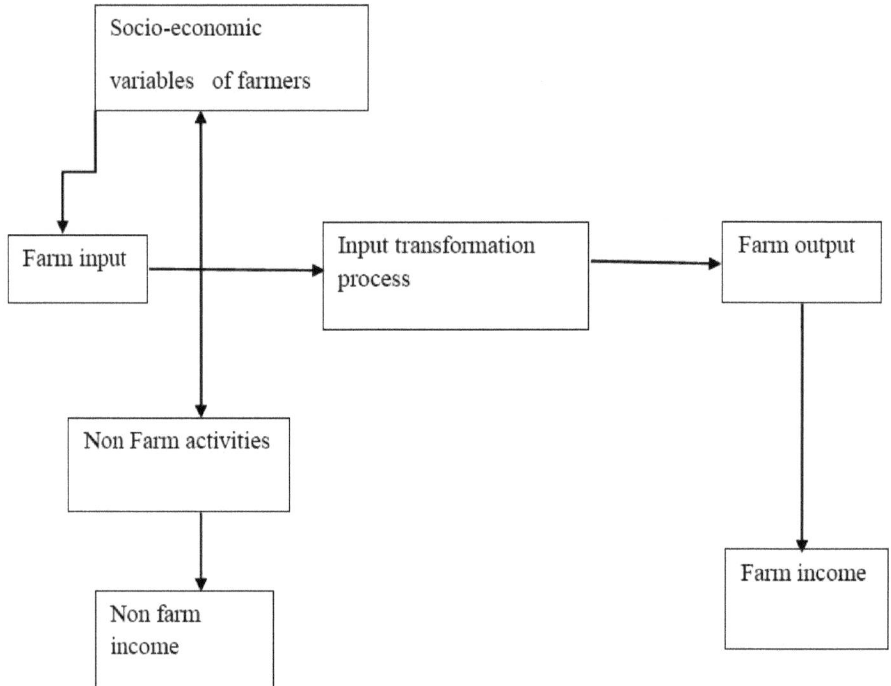

Figura 1: Quadro concetual do estudo

Fonte: Adaptado de Vaessen, 2012.

CAPÍTULO 3. METODOLOGIA

3.1 Conceção da investigação

O trabalho de investigação recorreu a um inquérito de opinião pública que utilizou um questionário de investigação para a recolha de dados.

3.2 A área de estudo

Este estudo foi realizado no Estado de Nasarawa, com capital em Lafia. O Estado é constituído por treze áreas governamentais locais. O Estado situa-se entre as latitudes 7° e 9° Norte do Equador e as longitudes 7° e 10° Este do Meridiano de Greenwich (Governo do Estado de Nasarawa, 2006; Abu *et al.* 2012). O Estado de Nasarawa cobre uma área de 27.117 km² com uma população estimada em 1.863.275 pessoas (NPC, 2006; Abu *et al.* 2012). A temperatura média varia entre 25° C em outubro e cerca de 36° C em março, enquanto a precipitação varia entre 13,73 mm em alguns locais e 145 mm noutros. Os solos aluviais encontram-se ao longo da calha do Benue e das suas planícies de inundação. Os solos florestais, ricos em húmus e lateritas, encontram-se na maior parte do Estado. Existem também solos arenosos em algumas partes do Estado. Os minerais sólidos notáveis são o sal e a bauxite (Abu *et al.* 2012). O Estado de Nasarawa é um Estado agrário, com uma grande percentagem da população envolvida na agricultura e em actividades agro-alimentares. A textura do solo é franco-arenosa e muito fértil para culturas como o milho, o milho-da-índia, o amendoim, o melão, o feijão-frade, a mandioca, o arroz, entre outras, que são cultivadas na área de estudo. Os principais grupos étnicos incluem Eggon, Tiv, Alago, Hausa, Fulani, Mada, Rindre, Gwandara, Koro, Gbagyi, Ebira, Agatu, Bassa, Aho, Ake, Mama, Arum e Kanuri. Embora o inglês e o hauçá sejam amplamente falados no Estado, todos os grupos étnicos acima indicados têm também as suas próprias línguas ou as religiões tradicionais estão muito difundidas. No entanto, as duas principais religiões (o cristianismo e o islamismo) tiveram um maior impacto entre a população. Embora os artefactos culturais se encontrem dispersos pelos grupos culturais de todo o Estado, até à data, ainda não foi feita qualquer recolha. O padrão de povoamento rural do estado de Nassarawa é largamente influenciado pelas actividades económicas predominantes e, em certa medida, por factores históricos e fisiográficos. As principais línguas faladas são o alago, o Tiv, o Eggon, etc.

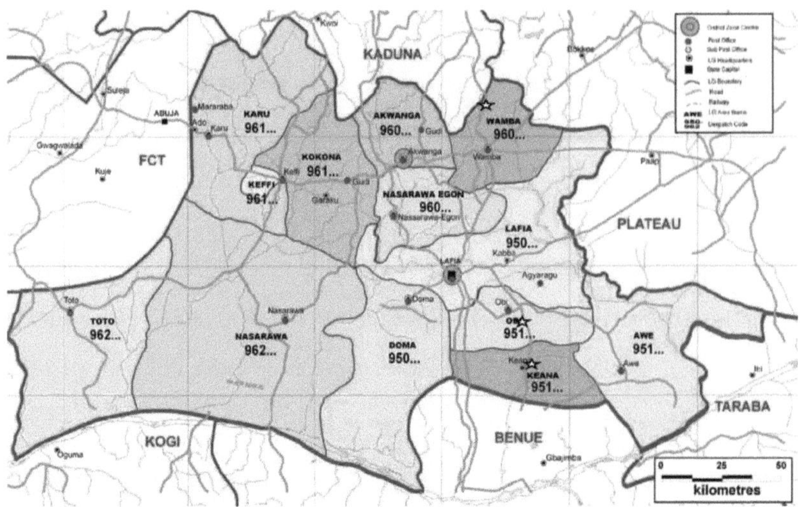

Comunidades selecionadas

Fonte: Akaamaa, Onoja e Nwakonobi (2014)

Figura 2: Mapa da área de estudo

3.3 População e processo de amostragem

A população do estudo era constituída por todos os pequenos agricultores de cereais e leguminosas do Estado de Nassarawa, na Nigéria. Uma vez que é impraticável e pouco económico obter informações de toda a população, foi recolhida uma amostra da população através da adoção de um processo de amostragem aleatória estratificada, intencional e em várias fases. A primeira fase envolveu uma seleção intencional de três (3) Áreas Governamentais Locais das treze Áreas Governamentais Locais do Estado, com base na elevada concentração de agricultores de cereais e leguminosas. A segunda fase implicou a seleção aleatória de dois (2) distritos de cada Área da Administração Local selecionada. A terceira fase implicou a estratificação dos agricultores em quatro (4) estratos: leguminosas (amendoim e melão) e cereais (milho e milho da Guiné). Finalmente, de uma população de 6965 agricultores registados destes dois grupos de culturas (NADP, 2010), foram selecionados aleatoriamente 2,5% de cada estrato, o que resultou numa amostra de 174 inquiridos.

32

QUADRO 1: PLANO DE SELECÇÃO DA DIMENSÃO DA AMOSTRA COM RÁCIO DE 0,25

LGAs	Distritos	Agricultores de milho	Agricultores de milho da Guiné	Produtores de amendoim	Produtores de melão	Quadro de amostragem	Proporção de amostragem	Tamanho da amostra
Obi	Agwatashi	252 (6)	274 (7)	350 (9)	286 (7)	1162	0.025	29
	Adudu	201 (5)	236 (6)	327 (8)	218 (6)	982	0.025	25
Keana	Aloshi	249 (6)	331 (8)	273 (7)	347 (9)	1200	0.025	30
	Gizé	245 (6)	227 (5)	235 (6)	351 (9)	1058	0.025	26
Wamba	Nakere	358 (9)	250 (6)	252 (6)	468(12)	1328	0.025	33
	Gbata	327 (8)	268 (7)	263 (7)	377 (9)	1235	0.025	31
Total	**6**	**1632**	**1586**	**1700**	**2047**	**6965**	**0.025**	**174**

*** Os valores entre parêntesis representam os inquiridos da amostra específicos da empresa**

Fonte: Inquérito de campo, 2016.

3.4 Técnicas de recolha de dados

Os dados para este estudo foram recolhidos principalmente a partir de fontes primárias. Os dados primários foram recolhidos através da administração de um questionário estruturado aos pequenos agricultores de cereais e leguminosas incluídos na amostra, com a ajuda de enumeradores formados. O questionário era composto por quatro (4) secções para os agricultores de cereais e leguminosas: A, B, C e D. A secção A tratava das caraterísticas socioeconómicas dos inquiridos, a secção B tratava dos sistemas de gestão das explorações agrícolas, a secção C tratava da informação sobre os custos e rendimentos das várias culturas e, finalmente, a secção D incluía os constrangimentos à produção de cereais e leguminosas na área de estudo.

Os dados secundários relevantes necessários para apoiar os dados primários foram obtidos em livros de texto, boletins, Internet e estudos efectuados noutras culturas. O questionário foi aplicado com a ajuda de enumeradores formados.

3.5 Validação e fiabilidade do instrumento

O índice de validade de conteúdo (IVC) foi utilizado para medir a adequação dos itens do instrumento neste estudo. A validade de conteúdo, neste contexto, procurou determinar a pertinência e a adequação dos itens incluídos nos instrumentos. Utilizando o método do júri (Kerlinger, 1973), todo o instrumento foi submetido ao escrutínio da minha equipa de supervisores. Cada um dos supervisores deu, de forma independente, a sua opinião de perito sobre a pertinência e a adequação dos itens em relação aos objectivos do estudo. Com base nas avaliações dos peritos sobre a pertinência dos itens, o IVC foi comparado com índices alternativos. Isto foi feito traduzindo os IVC ao nível dos itens (IVC-I) em valores de uma estatística kappa modificada. Obteve-se um i-CVI de **0,78** como prova de uma boa validade de conteúdo.

O método de teste-reteste para afirmar a fiabilidade do instrumento foi utilizado no estudo devido às respostas a um único item do instrumento. Este método avalia diretamente o grau de consistência dos resultados do teste de uma administração para outra. O instrumento foi testado em 20 inquiridos provenientes das áreas distritais de Obi e Keana. Envolveu a administração do mesmo teste ao mesmo grupo de inquiridos com um intervalo de três semanas. As pontuações do primeiro teste foram correlacionadas com o segundo conjunto, utilizando a correlação produto-momento de Pearson. Um coeficiente médio de correlação produto-momento (r) de **0,82** indicou uma elevada fiabilidade.

3.6 Técnicas de análise de dados

Foram utilizadas estatísticas descritivas e inferenciais para analisar os dados. Para atingir os objectivos 1 e 5, foram utilizadas estatísticas descritivas simples, incluindo frequências, percentagens e médias. A análise da margem bruta foi utilizada para atingir o objetivo 2. Foram utilizadas regressões lineares múltiplas para atingir os objectivos 3 e 4. O teste F foi utilizado para testar as hipóteses 1 e 2. O teste T foi utilizado para testar a hipótese 3, enquanto a ANOVA foi utilizada para testar a hipótese 4.

3.7 Especificação do modelo

3.7.1 Análise da margem bruta

A margem bruta é dada como:

GM = TR - TVC

Onde:

GM = Margem bruta (naira/hectare)

TR = Receita total (naira/hectare)

TVC = Custo total (naira/hectare)

3.7.2 Regressões lineares múltiplas

$$1)\ Y = \alpha + \sum_{i}^{n} \beta_i X_{i+} \varepsilon_i$$

Onde

Y é a produção dos pequenos agricultores (rendimento/ha)

α é constante

β_{is} são os coeficientes a estimar.

X_1 a X_5 são variáveis de input tais que

X_1 = Dimensão da exploração (ha)

X_2 = quantidade de sementes (kg/ha)

X_3 = Quantidade de fertilizante (kg/ha)

X_4 = Mão de obra (Mandays)

X_5 = Quantidade de herbicidas (litros/ha)

ε_i é o erro aleatório

Expectativa a priori: Espera-se que X_1 , X_2 , X_3 , X_4 , X_5 sejam positivos

$$2)\ Y = \alpha + \sum_{i}^{n} \beta_i X_{i+} \varepsilon_i$$

Onde

Y é o rendimento dos pequenos agricultores (cereais e leguminosas)

β_{is} são coeficientes a estimar.

X_1 a X_5 são factores que afectam o rendimento dos agricultores

X_1 = Idade (em anos)

X_2 = Nível de educação (número de anos de escolaridade formal)

X_3 = Produção dos agricultores (rendimento/ha)

X_4 = Dimensão do agregado familiar (número de pessoas na casa)

X_5 = Modo de exploração (tempo inteiro =1, tempo parcial = 0)

Expectativa a priori: Espera-se que X_1 seja negativo, enquanto X_2 , X_3 , X_4 , X_5 devem ser positivos.

ε_i é o erro aleatório

Foram experimentadas quatro formas funcionais, tais como:

Linear: $Y = \beta_0 + \beta_1 X_1 + \beta_2 X_2 + \beta_3 X_3 + \beta_4 X_4 + \beta_5 X_5 + \varepsilon_i$

Semi-log: $\ln Y = \beta_0 + \beta_1 X_1 + \beta_2 X_2 + \beta_3 X_3 + \beta_4 X_4 + \beta_5 X_5 + \varepsilon_i$

Registo duplo: $\ln Y = \beta_0 + \beta_1 \ln(X_1) + \beta_2 \ln(X_2) + \beta_3 \ln(X_3) + \beta_4 \ln(X_4) + \beta_5 \ln(X_5) + \varepsilon_i$

Cobb douglas: $Y = a X_1^{b1} X_2^{b2} X_3^{b3} X_4^{b4} X_5^{b5} + \varepsilon_i$

A melhor forma funcional foi selecionada com base no coeficiente de determinação mais elevado *(R^2)*

X_1 a X_5 são factores que afectam o rendimento dos agricultores

X_1 = Idade (em anos)

X_2 = Nível de educação (número de anos de escolaridade formal)

X_3 = Produção dos agricultores (rendimento/ha)

X_4 = Dimensão do agregado familiar (número de pessoas na casa)

X_5 = Modo de exploração (tempo inteiro =1, tempo parcial = Q)

Expectativa a priori: Espera-se que X_1 , X_2 , X_3 , X_4 , X_5 sejam positivos.

ε_i é o erro aleatório

3.7.3 Análise do teste T

A estatística *t* para testar se as médias são diferentes pode ser calculada da seguinte forma:

$$t = \frac{\overline{X_1} - \overline{X_2}}{S_{X1X2}\sqrt{\dfrac{2}{n}}}$$

Onde

$$S_{X1X2} = \sqrt{\frac{1}{2}\left(S_{X1}^2 + S_{X2}^2\right)}$$

Em que S_{X1X2} é o desvio-padrão agrupado, 1 = grupo um, 2 = grupo dois. S_{X1}^2 e S_{X2}^2 são os estimadores não enviesados das variâncias das duas amostras, $S_{X1X2}\sqrt{\frac{2}{n}}$ é o erro-padrão da diferença entre as médias das duas empresas.

3.7.4 Análise de Variância (ANOVA)

A análise de variância (ANOVA) é uma estatística paramétrica. O seu principal objetivo é comparar a variação entre os lucros médios das empresas e a variação média dentro da empresa.

Há um certo número de conceitos que devem ser enunciados:

i. Soma dos quadrados total: Trata-se da soma total dos parâmetros dos quadrados (SST), da soma dos quadrados entre (SSB) e da soma dos quadrados no interior (SSW).

ii. Quadrados médios: Trata-se de dois quadrados médios, nomeadamente: o quadrado médio entre (MSB) e o quadrado médio no interior (MSW).

iii. O teste F ou rácio F é o quociente entre MSB e MSW, ou seja, F - rácio = $\dfrac{MSB}{MSW}$

(i) $$SST = \sum X^2 - \frac{(SX)^2}{N}$$

(ii) $$SSB = \frac{(SX)^2}{n_1} + \frac{(SX)^2}{n_2} + \frac{(SX)^2}{n_3} + \frac{(SX)^2}{n_4} + \frac{(SX)^2}{N}$$

(iii) $SSW = SST - SSB$

Onde:

X^2 = variável de zona aleatória com valor de dados específico.

S^2 = variância da população do estudo.

N = número total de observações em todas as amostras

n_1 = número total de observações sobre a empresa 1

n_2 = número total de observações sobre a empresa 2

n_3 = número total de observações sobre a empresa 3

n_4 = número total de observações sobre a empresa 4

CAPÍTULO 4. RESULTADOS E DISCUSSÃO

4.1 Caraterísticas socioeconómicas dos inquiridos

As caraterísticas socioeconómicas dos inquiridos são apresentadas no quadro 2. A distribuição dos inquiridos com base no sexo mostra que a maioria (62,1%) dos agricultores (cereais e leguminosas) envolvidos na produção eram do sexo masculino, enquanto 38,9% eram do sexo feminino. A predominância de homens na área de estudo é um indicador da crença na área de estudo de que as mulheres devem ficar em casa e não na exploração agrícola, enquanto os homens lutam pela sobrevivência através dessas actividades agrícolas. Isto também se deve, provavelmente, ao facto de a agricultura exigir muita energia e ser um trabalho intensivo, envolvendo idas diárias à quinta. Este resultado vai no mesmo sentido das conclusões de Baruwa (2013) e Effiong (2005), que referem que a produção e comercialização de culturas é uma atividade dominada pelos homens no Estado de Edo, na Nigéria. Estes resultados também estão de acordo com as conclusões de Umar *et al.* (2011), que referem uma elevada predominância masculina na produção de sésamo na área de estudo.

O quadro 2 mostra que a idade dos inquiridos, entre os 21 e os 40 anos, é predominante, com 48,9%. Além disso, 44,5% dos inquiridos têm idades compreendidas entre os 41 e os 60 anos. A idade média dos agricultores era de 39 anos. Isto sugere que a maioria dos agricultores de cereais e leguminosas da zona de estudo se encontra na faixa etária de trabalho ativo. O resultado anterior implica que os agricultores de cereais e leguminosas da zona de estudo gozam de um maior patrocínio por parte dos jovens, que são suficientemente enérgicos para suportar o stress envolvido na agricultura. Este resultado sugere que a maioria (48,9%) dos agricultores da zona de estudo são jovens agricultores que se encontram na faixa etária das pessoas inovadoras e activas no trabalho (Asogwa e Okwoche, 2012). Por conseguinte, esta categoria de agricultores pode ter um impacto significativo na produção de cereais e leguminosas quando devidamente motivada. Além disso, este resultado está de acordo com as conclusões de Yusuf (2005), segundo as quais a maioria dos agricultores está no ativo e pode dar um contributo positivo para a produção agrícola.

O resultado também revelou que a maioria (62,1%) dos agricultores é casada, contra 35% de solteiros, indicando que os agricultores de cereais e leguminosas na área de estudo são comuns entre os casais. A elevada proporção de inquiridos casados é uma indicação de que os agricultores de cereais e leguminosas podem dispor de mão de obra familiar. Este estudo compara-se favoravelmente com as conclusões de Baruwa (2013), que referiu que a maioria ou 66% dos produtores de ananás no Estado de Edo eram casados.

Quanto à dimensão do agregado familiar, 66,1% dos inquiridos tinham 5-8 pessoas no seu agregado familiar, 32,2% dos inquiridos tinham 9-12 pessoas por agregado familiar, 1,5% tinham mais de 12 pessoas por agregado familiar. A dimensão média do agregado familiar era de 8 pessoas por agregado familiar, o que indica que os agricultores de cereais e leguminosas na área de estudo têm um agregado familiar relativamente grande. Isto implica que poderia ser contratada mão de obra adicional para trabalhar na exploração agrícola, especialmente quando a dimensão da exploração é grande. Esta afirmação está de acordo com as de Idiong, (2006) e Ogungbile, Tabo e Rahman (2002) que referem que uma dimensão relativamente grande do agregado familiar aumenta a disponibilidade de mão de obra. Ovharhe e Okoedo-Okojie (2011) também relataram que o índice de adoção pode estar positiva ou negativamente relacionado com a dimensão do agregado familiar, dependendo da natureza da estrutura etária e da quantidade de mão de obra contribuída pelos membros do agregado familiar.

A maioria dos inquiridos (48,2%) tinha o ensino secundário, ou seja, uma média de 9 anos de escolaridade formal, ao passo que 21,8% dos inquiridos tinham um ensino pós-secundário superior a 12 anos de escolaridade formal. Isto significa que a maioria dos inquiridos tinha formação académica.

Este resultado também sugere que uma boa proporção dos agricultores é suficientemente alfabetizada para permitir uma comunicação eficaz na sua produção e comercialização na área de estudo. Isto também sugere que as novas tecnologias podem ser facilmente transferidas para esta área, uma vez que a maioria deles é alfabetizada. Isto é aceitável, uma vez que a educação afecta a forma como a atividade agrícola é gerida, bem como a produção global (Jongur e Ahmed, 2008). Além disso, Effiong (2005) registou resultados semelhantes quando observou que 21% dos produtores de ananás no Estado de Osun não tinham educação formal, enquanto 79% tinham alguma forma de educação formal (primária, secundária e terciária). Esta constatação mostra que um agricultor médio na zona de estudo tem um nível de instrução razoável e, por conseguinte, pode tomar uma melhor decisão no que respeita à aceitação da inovação. Ekunwe, Orewa e Emokaro (2008) também indicaram que a educação aumenta a capacidade dos indivíduos para compreender, gerir e trabalhar com ideias. Este resultado discorda das conclusões de Luka e Yahaya (2012), segundo as quais a maioria dos produtores de sésamo não possuía um bom nível de educação na área de estudo.

A maioria dos agricultores (66,7%) tinha experiência na produção de cereais e leguminosas entre 11 e 15 anos, enquanto 14,9% dos inquiridos tinham mais de 15 anos de experiência agrícola. A média de anos de experiência foi de 13. Isto implica que a maioria dos agricultores tem muitos anos de experiência na agricultura e também sugere a sua capacidade de gerir o risco e tomar decisões rápidas, o que resulta numa melhor produção de cereais e leguminosas e numa melhor comercialização dos seus produtos, o que leva a um maior rendimento. Maddison (2006) afirmou que os agricultores instruídos e experientes têm mais conhecimentos e informações sobre as alterações climáticas e as práticas agronómicas que podem adotar em resposta.

O rendimento médio dos inquiridos era de N 118 839. A maioria dos inquiridos (59,2 por cento) situava-se no escalão de rendimentos entre N 1 e 200.000, enquanto 33,9 por cento se situavam no escalão de rendimentos entre N 200.000 e 400.000. Isto sugere que os agricultores têm baixos rendimentos.

QUADRO 2: DISTRIBUIÇÃO DOS INQUIRIDOS POR CARACTERÍSTICAS SOCIOECONÓMICAS

Variable	Mean	Frequency	Percentage
Sex			
Male		108	62.1
Female		66	37.9
Total		174	100
Age	39(years)		
1-20		11	6.3
21-40		85	48.9
41-60		78	44.5
Total		174	100
Marital Status			
Single		61	35.1
Married		106	62.1
Divorced/Widowed		5	2.9
Total		174	100
Household Size	8		
1-4		1	0.6
5-8		115	66.1
9-12		56	32.2
>12		3	1.5
Total		174	100

Fonte: Dados do inquérito de campo, 2016.

QUADRO 2 : CONTINUAÇÃO

Variable	Mean	Frequency	Percentage
Education Level	9(years)		
0-6		52	29.9
7-12		84	48.2
>12		38	21.8
Total		174	100
Farm Experience	13(years)		
1-5		2	1.4
6-10		30	17.2
11-15		116	66.6
>15		26	14.8
Total		174	100
Income	118,839		
1-200,000		103	59.1
200,001-400,000		59	33.7
400,001-600,000		11	6.2
600001-800000		0	0
800,001-1, 000,000		1	0.5
>1, 000,000		1	0.5
Total		174	100

Fonte: Dados do inquérito de campo, 2016.

4.2 Rentabilidade da produção de cereais e leguminosas na zona de estudo

4.2.1 Análises de custos e rendimentos da produção de cereais e leguminosas

O quadro 3 abaixo mostra que o custo variável total médio para os cereais (CVT) foi de N46 319; o CVT mínimo foi de N25 500, enquanto o CVT máximo obtido foi de N83 100. Especificamente, o resultado do quadro 3 para os cereais indica que o custo médio incorrido com a mão de obra é de N27 626 e constitui

59.6 por cento do custo variável total médio. O resultado revelou ainda que o custo médio das sementes (N5 886) constituía 12,7 por cento do custo variável total médio. O resultado também revelou que o custo médio dos pesticidas (N5 927,5) constituía 12,8% do custo variável total médio. Do mesmo modo, o custo médio do fertilizante (N3 633) constituiu 0,86% do custo variável total médio. A receita média é de N119.087. O maior agricultor tinha N52.300 para mão de obra, constituindo 62,9% do custo total, o custo das sementes e pesticidas era de N20.000 cada, constituindo 24% do custo total de produção. O custo do fertilizante foi de N19.000, constituindo 22,8% do seu custo total de produção. O rácio de rentabilidade calculado, tal como apresentado no Quadro 3, para os agricultores de cereais foi de 1,6, o que significa que por cada N100 investidos pelo agricultor, este ganha N160 na área de estudo. Por conseguinte, confirma-se que a produção de cereais é rentável, em conformidade com as conclusões anteriores da análise dos custos e do rendimento. O rácio de eficiência estimado para os produtores de cereais foi de 2,6. O que significa que, como os rácios de eficiência de cada agricultor eram superiores à unidade, é uma indicação de que as suas operações são eficientes.

Por outro lado, o resultado no quadro 4 abaixo mostra que o custo variável total médio das leguminosas (CVT) foi de N46.143; o CVT mínimo foi de N23.500, enquanto o CVT máximo obtido foi de N89.800. Especificamente, o custo médio incorrido com a mão de obra é de N27 502 e constitui 59,6 por cento do custo variável total médio. O resultado revelou ainda que o custo médio das sementes (N6 327) constituía 13,7% do custo variável total médio. O resultado também revelou que o custo médio dos pesticidas (N6 023) constituía 13,1% do custo variável total médio. Do mesmo modo, o custo médio dos fertilizantes (N4 932,9) constituiu 10,7% do custo variável total médio. A receita média foi de 118.590 N. O maior agricultor tinha 60.000 para mão de obra, constituindo 66,8% do custo total, o custo dos fertilizantes e pesticidas era de N24.000 cada um, constituindo 27% do custo total de produção. O custo das sementes foi de N25.000, constituindo 27,8% do custo total de produção. O rácio de rentabilidade calculado, tal como apresentado no Quadro 3, para os agricultores de leguminosas foi de 1,5, o que significa que por cada N100 investidos pelo agricultor, este ganha N150 na área de estudo. Por conseguinte, confirma-se que a produção de leguminosas é rentável, em conformidade com as conclusões anteriores da análise de custos e rendimentos. O rácio de eficiência estimado para os produtores de cereais foi de 2,6. O que significa que, como os rácios de eficiência de cada agricultor eram superiores à unidade, é uma indicação de que as suas operações são eficientes. Este facto está de acordo com os autores anteriores, segundo os quais os pequenos empresários são tecnicamente eficientes nos seus empreendimentos produtivos, tal como opinam Penda e Asogwa (2011).

QUADRO 3. ANÁLISE DE CUSTOS/RECURSOS PARA A PRODUÇÃO DE CEREAIS (Em Naira)

Variável	Média	Mínimo	Máximo	Desvio padrão
Custo da mão de obra	27,626	19,000	52,300	6,567.630
Custo das sementes	5,886	500	20,000	4,964.965
Custo dos pesticidas	5,927.5	0	20,000	5,152.668
Custo dos fertilizantes	3,633.75	0	19,000	5,516.161
Custo de implementação	3,320	1500	13,000	2,198.704
Custo variável total	46,319.6	25,500	83,100	13,028.6
Receitas totais	119,087	80,000	171,000	25,506.5
Margem bruta/Ha	72,767.8	35,800	99,700	
Rácio de rentabilidade (π/TC)	1.6			
Rácio de eficiência (TR/TC)	2.6			

Fonte: Dados do inquérito de campo, 2016.

QUADRO 4. ANÁLISE CUSTO/RECURSOS DA PRODUÇÃO DE LEGUMES (Em Naira)

Variável	Média	Mínimo	Máximo	Desvio padrão
Custo da mão de obra	27,502	19000	60,000	6,567.630
Custo das sementes	6,327.6	500	25,000	4,964.956
Custo dos pesticidas	6,023	0	24,000	5,152.668
Custo dos fertilizantes	4,932.9	0	24,000	5,516.181

Custo de implementação	3,357.5	1500	14,400	2,198.704
Custo variável total	46,143	23,500	89,800	13,028.6
Receitas totais	118,590	70,000	180,000	25,506
Margem bruta/Ha	70,446	6300	99,200	
Rácio de rentabilidade (π/TC)	1.5			
Rácio de eficiência (TR/TC)	2.6			

Fonte: Dados do inquérito de campo, 2016.

4.2.2 Análise da margem bruta da produção de cereais e leguminosas na zona de estudo

Os resultados do quadro 5 sobre a margem bruta dos cereais e das leguminosas mostram que a produção de cereais teve uma margem bruta média por hectare de 72 767,8 N, a margem bruta mínima foi de 35 800 N e a margem bruta máxima por hectare obtida foi de 99 700 N na zona de estudo. O quadro 5 mostra também que a produção de leguminosas teve uma margem bruta média por hectare de 70 446 N, a margem bruta mínima foi de 6 300 N e a margem bruta máxima por hectare obtida foi de 99 200 N na zona de estudo. As análises supramencionadas indicam níveis semelhantes de margem bruta dos agricultores de ambas as categorias de culturas. Os valores acima referidos da margem bruta estão perfeitamente de acordo com os valores (91 338,26 Naira/ha) obtidos por Odoemenem e Inakwu (2011) no seu estudo sobre a análise económica da produção de arroz no Estado de Cross River, Nigéria, e (39 050 Naira/ha) obtidos por Ohen e Ajah (2012) no seu estudo sobre a análise do custo e do rendimento da produção de arroz em pequena escala no Estado de Cross River, Nigéria.

QUADRO 5: COMPARAÇÃO DA MARGEM BRUTA DOS CEREAIS E LEGUMES POR HECTARE (Em Naira)

	Média	Mínimo	Máximo	Desvio padrão
Cereais	72,767.8	35,800	99,700	18,711
Leguminosas	70,446	6300	99,200	20,158

Fonte: Dados do inquérito no terreno, 2016

4.2.3 Rendimento e produção de cereais e leguminosas

O Quadro 6 mostra uma comparação do rendimento e da produção de cereais e leguminosas por hectare na área de estudo. O rendimento médio dos cereais é de N119.000, enquanto o das leguminosas é também de N119.000. O maior agricultor de cereais tinha N171.000 como rendimento, em comparação com o maior agricultor de leguminosas, com N180.000. Por outro lado, a produção média por hectare da produção de cereais era de 1187Kg, enquanto a das leguminosas era de 1114,5Kg por hectare.

QUADRO 6: DISTRIBUIÇÃO DO RENDIMENTO E DA PRODUÇÃO DE CEREAIS E LEGUMINOSAS POR HECTARE

	Média	Mínimo	Máximo	Desvio padrão
Cereais				
- Rendimento (N)	**119,000**	**80,000**	**171,000**	**22,315.9**
- Produção (kg)	**1187**	**400**	**2500**	**481.6**
Leguminosas				
- Rendimento (N)	**119,000**	**70,000**	**180,000**	**25,506.6**
- Produção (Kg)	**1114.5**	**400**	**2900**	**518.1**

Fonte: Resultado do inquérito de campo, 2016.

4.3 Relação entre entradas e saídas na produção de cereais e leguminosas na área de estudo

O efeito dos factores de produção (dimensão da exploração agrícola, mão de obra, sementes, pesticidas e fertilizantes) na produção obtida a partir dos modelos de regressão dos cereais e das leguminosas está resumido nos Quadros 7 e 8. Os quadros revelam que o resultado da forma funcional de duplo logaritmo foi o que melhor se ajustou aos dados.

Para os cereais (quadro 7), o resultado indica que a forma funcional Double - log teve o coeficiente de determinação mais elevado ($R2$) de 0,562, o que implica que a dimensão da exploração agrícola, a mão de obra, as sementes, os pesticidas e os fertilizantes contribuíram para 56,2 por cento da variação da produção de cereais. O quadro 7 indica que a mão de obra foi o fator de produção que afectou significativamente a produção de cereais. Especificamente, a mão de obra foi considerada positiva e influenciou significativamente a produção de cereais a um nível de probabilidade de 5 por cento. Este resultado está de acordo com as expectativas a priori. Isto implica que o aumento da mão de obra por unidade também aumentará a produção de cereais pelo valor do seu coeficiente. Este resultado está próximo das conclusões da investigação de Oniah *et al.* (2008), segundo as quais os coeficientes da mão de obra e dos pesticidas eram significativos a 5% na produção de arroz de pântano em pequena escala na área governamental local de Obubra do Estado de Cross River, na Nigéria. No entanto, os coeficientes estimados para a dimensão da exploração, as sementes, os pesticidas e os fertilizantes não foram significativos.

O valor F (19,018) foi significativo a 5%, o que implica que a dimensão da exploração, a mão de obra, as sementes, os pesticidas e os fertilizantes têm um efeito significativo na produção de cereais. Por conseguinte, rejeita-se a hipótese que estipulava que não existe um efeito significativo entre a utilização de factores de produção e a produção de cereais

O coeficiente de retorno à escala (0,775) em relação à dimensão da exploração, à mão de obra, à quantidade de fertilizantes e pesticidas utilizados foi positivo, mas inferior à unidade. Isto significa que os inquiridos podem melhorar ainda mais a sua produção através da utilização eficiente de mais factores de produção, como fertilizantes e pesticidas. Tecnicamente, os produtores de cereais em pequena escala encontram-se na fase II do seu ciclo de produção, uma vez que a produção está a aumentar a uma taxa decrescente em relação à quantidade de insumos utilizados. Isto também implica que um aumento de 1% em todos os factores de produção conduz a um aumento de 0,775% na produção.

Quanto às leguminosas (quadro 8), o resultado indica que a forma funcional linear teve o coeficiente de determinação mais elevado (R^2) de 0,653, o que implica que a dimensão da exploração, a mão de obra, as sementes, os pesticidas e os fertilizantes contribuíram para 65,3 por cento da variação da produção de leguminosas. O Quadro 8 indica que a mão de obra, as sementes, os pesticidas e os fertilizantes foram os factores de produção que afectaram significativamente a produção de leguminosas. Especificamente, a mão de obra, os pesticidas e os fertilizantes foram considerados positivos e influenciaram significativamente a produção de leguminosas a um nível de probabilidade de 5%. Isto implica que o aumento da mão de obra e do fertilizante por unidade também aumentará a produção de leguminosas pelo valor dos seus coeficientes, respetivamente, e este resultado está de acordo com a expetativa a priori. Este resultado está próximo dos resultados da investigação de Umeh e Atarborth (2011), que concluíram que a utilização de sementes pelos agricultores nigerianos era significativa a um nível de probabilidade de 5%. Em contrapartida, o coeficiente dos pesticidas foi negativo e significativo a um nível de probabilidade de 5%. Isto implica que o aumento da aplicação de pesticidas por unidade reduzirá a produção de leguminosas pelo valor do seu coeficiente. Este resultado é contrário às expectativas a priori. Este resultado está de acordo com as conclusões de Ahmadu e Erhabor (2012), que concluíram que o coeficiente estimado do fertilizante era negativo para os produtores de leguminosas no Estado de Taraba, na Nigéria. No entanto, os coeficientes estimados para a dimensão da exploração e as sementes não foram significativos.

O valor F de 33,151 foi significativo a 5%, o que implica que a dimensão da exploração, a mão de obra, as sementes, os pesticidas e os fertilizantes têm um efeito significativo na produção de leguminosas. Por conseguinte, rejeita-se a hipótese que estipulava que não existe um efeito significativo entre a utilização de factores de produção e a produção de leguminosas.

QUADRO 7: ESTIMATIVAS DE REGRESSÃO DA RELAÇÃO INSUMO-PRODUTO PARA OS CEREAIS NO ESTADO DE NASARAWA

Variáveis	Linear	Exponencial	**Duplo** registo+	Semi-log
Constante	6.602	1207.949	7.043	802.623
	(3.602)	(32.114)*	(20.615)*	(3.184)
Trabalho	0.578	0.534	0.515	0.563
	(6.868)	(6.318)	(6.220)*	(6.664)*
Quantidade de sementes	-0.074	-0.088	-0.140	-0.115
	(0.903)	(1.068)	(1.730)	(1.385)

Variáveis				
Quantidade pesticida	-0.229	-0.171	-0.083	0.305
	(2.711)*	(2.016)**	(0.928)	(3.491)*
Quantidade Fertilizante	0.243	0.320	0.395	0.305
	(2.907)*	(3.814)*	(4.615)	(3.305)*
Dimensão da exploração	0.149	0.117	0.088	0.130
	(1.744)	(1.365)	(1.014)	(1.463)
R^2	0.558	0.555	0.562	0.544
R ajustado^2	0.528	0.525	0.533	0.513
F	(18.684)*	(18.482)*	(19.018)*	(17.623)*

Fonte: Resultado do inquérito de campo, 2016. * significativo a 1%, ** significativo a 5%

+ Equação de chumbo (forma funcional)

Quadro 8 : Estimativas de regressão da relação entradas-saídas para as leguminosas no estado de NASARAWA

Variáveis	Linear+	Exponencial	Registo duplo	Semi-log
Constante	943.870	1558.96	7.08	606.274
	(4.473)	(25.068)*	(5.004))*	(33.195)
Trabalho	0.615	0.524	0.551	0.549
	(8.446)*	(7.265)*	(7.661)*	(7.231)
Dimensão da exploração	0.220	0.024	-0.003	0.058
	(0.347)	(0.364)	(0.045)	(0.880)
Quantidade pesticida	-0.187	-0.082	-0.168	-0.132
	(2.795)*	(1.047)	(2.152)**	(1.901)
Quantidade Fertilizante	0.215	0.350	0.252	0.311
	(3.103)*	(4.761)*	(3.444)*	(4.310)*
Quantidade de sementes	-0.067	-0.155	-0.167	-0.066
	(0.947)	(1.960)**	(2.118)**	(0.898)

R^2	0.653	0.620	0.622	0.602
R ajustado^2	0.634	0.598	0.601	0.624
F	(33.151)*	(28.681)*	(29.017)*	(29.181)*

Fonte: Resultado do inquérito de campo, 2016.　　* significativo a 1%, ** significativo a 5%

+ Equação de chumbo (forma funcional)

4.4 Análise de regressão dos factores socioeconómicos que influenciam o rendimento dos cereais e leguminosas na área de estudo

A análise de regressão foi utilizada para analisar a relação significativa entre os factores socioeconómicos selecionados que influenciam o rendimento dos agricultores e as estimativas são apresentadas nos quadros 9 e 10. Foram ajustadas quatro formas funcionais aos dados, nomeadamente: linear, semi-log, duplo log e exponencial. A forma funcional linear foi escolhida como equação principal com base no seu coeficiente de determinação mais elevado, no rácio F, no número de variáveis significativas, no sinal dos coeficientes e na expetativa *a priori*. Os resultados apresentados no Quadro 9 mostram que o R^2 (coeficiente de determinação) foi de 0,427, o que indica que 42,7% da variação do rendimento dos agricultores de cereais é explicada por variações nas variáveis explicativas selecionadas, o que sugere que o modelo tem poder sobre as alterações do rendimento. Isto implica que as variáveis explicativas selecionadas explicam o comportamento do rendimento dos produtores de cereais com um nível de confiança de 42,7%.

Os resultados mostram ainda que a idade, a produção e a dimensão do agregado familiar tiveram uma influência significativa e positiva no rendimento dos produtores de cereais na zona de estudo. Por outras palavras, o aumento da idade, da produção e da dimensão do agregado familiar por unidade aumentará o rendimento dos produtores de cereais pelo valor dos seus coeficientes estimados. Isto é contrário à expetativa *a priori* que previa que os agricultores mais velhos são menos comerciais na sua orientação e mais subsistentes. Não vêem necessidade de se envolverem em investimentos que necessitem de crédito. Noutra perspetiva, o aumento da idade significa uma maior experiência agrícola, logo, uma melhor adoção de tecnologias e inovações e um aumento do rendimento. O resultado indica ainda que o modo de produção agrícola e a educação não tiveram influência no rendimento dos produtores de cereais.

A Tabela 10 mostra que o R2 (coeficiente de determinação) que foi encontrado é de 0,374, o que indica que 37,4% da variação no rendimento dos agricultores de leguminosas é explicada por variações nas variáveis explicativas selecionadas, sugerindo que o modelo tem poder sobre as mudanças no rendimento. O R^2 (ajustado) também apoia a afirmação com o valor de 0,319 ou 31,9%. Isto implica que as variáveis explicativas selecionadas explicam o comportamento do rendimento dos produtores de leguminosas com um nível de confiança de 31,9%.

Os resultados mostram ainda que a idade e a produção têm uma influência significativa e positiva no rendimento dos produtores de leguminosas na zona de estudo. Por outras palavras, o rendimento dos produtores de leguminosas aumenta com a idade e a produção pelo valor dos seus coeficientes. Este facto é contrário à expetativa *a priori* que previa que os agricultores mais velhos são menos comerciais na sua orientação e mais subsistentes. Não vêem necessidade de se envolverem em investimentos que necessitem de crédito.

O resultado indica ainda que a produção tem uma influência positiva e estatisticamente significativa no rendimento dos produtores de leguminosas. Isto significa que a produção dos agricultores influencia o seu rendimento. Este facto está de acordo com as expectativas *a priori*. A implicação é que quanto maior for a produção, maior será o rendimento obtido pelos produtores de leguminosas na área de estudo.

Quadro 9: RESULTADOS DA REGRESSÃO DAS CARACTERÍSTICAS SOCIOECONÓMICAS SOBRE O RENDIMENTO (CEREAIS)

Variáveis	Linear+	Exponencial	Registo duplo	Semi-log
Constante	47988.879	11.10	7331	-47217.421
Idade	0.479	0.432	0.446	0.498
	(5.811)*	(4.959)*	(4.096)*	(4.812)*
Educação	0.146	0.151	0.148	0.139
	(1.790)	(1.776)	(1.383)	(1.374)

	Linear	Exponencial	Registo duplo	Semi-log+
Dimensão do agregado familiar	0.188	0.194	-0.040	-0.024
	(2.160)**	(2.126)**	(0.375)	(0.232)
Saída	0.191	0.177	0.016	0.178
	(2.186)**	(1.928)	(1.516)	(1.680)
Modo de exploração	0.121	0.111	0.171	0.194
	(1.485)	(1.301)	(1.620)	(1.983)**
R^2	0.427	0.37	0.326	0.39
R ajustado^2	0.394	0.334	0.271	0.342
F	(13.096)*	(10.324)*	(5.986)*	(7.970)*

Fonte: Resultado do inquérito de campo, 2016.   * significativo a 1%, ** significativo a 5%

+ Equação de chumbo (forma funcional)

Quadro 10 : RESULTADOS DA REGRESSÃO DAS CARACTERÍSTICAS SOCIOECONÓMICAS SOBRE O RENDIMENTO (LEGUMINOSAS)

Variáveis	Linear	Exponencial	Registo duplo	**Semi-log+**
Constante	76522.522	11.348	7.914	-373454.852
	(7.448)*	(126.203)*	(7.843)*	(3.189)*
Idade	0.357	0.317	0.402	0.442
	(3.185)*	(2.710)*	(3.332)*	(3.805)*
Educação	0.014	0.013	0.044	0.042
	(0.147)	(0.132)	(0.397)	(0.398)
Dimensão do agregado familiar	0.029	0.032	-0.038	-0.043
	(0.296)	(0.308)	(0.347)	(0.359)
Saída	0.306	0.285	0.245	0.254
	(2.680)*	(2.392)**	(2.019)**	(2.174)**
Modo de exploração	0.100	0.910	0.119	0.120

	(1.017)	(0.885)	(1.065)	(1.121)
R^2	0.353	0.293	0.324	0.374
R ajustado^2	0.309	0.244	0.265	0.319
F	(7.961)*	(6.047)*	(5.464)*	(6.811)*

Fonte: Resultado do inquérito de campo, 2016.   * significativo a 1%, ** significativo a 5%

+ Equação de chumbo (forma funcional)

4.5 Constrangimentos enfrentados pelos pequenos agricultores de cereais e leguminosas na zona de estudo

O quadro 11 indica os condicionalismos da produção de cereais e leguminosas no Estado de Nassarawa, na Nigéria, classificados de um para cima, em função da gravidade.

Os resultados revelaram que o principal problema enfrentado pelos agricultores foi o acesso a variedades de sementes melhoradas. Constituiu 85,1 por cento das restrições dos agricultores e foi classificado em 1st . Os agricultores são pobres e são, portanto, constrangidos a usar sementes de fenótipo aberto reservadas da colheita do ano anterior. Assim, o aumento da produtividade e da eficiência está longe de ser alcançado.

A posse da terra foi também identificada como um dos principais constrangimentos na produção de cereais e leguminosas na área de estudo e foi classificada em 2.º lugarnd . A posse da terra é central para muitas questões. É o principal meio de subsistência e o principal vetor de acumulação de riqueza que pode ser transferida para a geração seguinte. O acesso à terra é, portanto, uma pedra angular para a redução da pobreza.

Os resultados revelaram que a grande maioria dos agricultores também se depara com o problema do elevado custo dos fertilizantes e dos agroquímicos (77,6%), classificado em 3rd , o que pode dever-se ao facto de os fertilizantes, pesticidas, herbicidas e outros agroquímicos utilizados na produção agrícola serem importados e, por conseguinte, terem um custo mais elevado.

A falta de visitas de extensão e de agentes (70,7%) é outro constrangimento na produção de cereais e leguminosas e foi classificada em 4.º lugarth . A baixa percentagem pode ser devida à nova orientação da política agrícola posta em prática pelo governo, que normalmente envia pessoal formado para as zonas rurais para trabalhar com os agricultores.

O resultado mostrou ainda que o acesso limitado ao crédito (64,9 por cento) foi outro constrangimento na produção de cereais e leguminosas e foi classificado em 5.º lugar[th] . Isto pode dever-se ao facto de os pequenos agricultores na área de estudo não terem garantias.

A falta de sistemas de comercialização (57,5 por cento) foi outro problema enfrentado pelos agricultores e foi classificado em 6.º lugar[th] . Isto pode dever-se à falta de regulamentação legal que permite aos intermediários tirar partido dos agricultores.

O ataque de insectos e doenças (52,3 por cento) foi outro problema enfrentado pelos agricultores e ficou classificado em 7.º lugar[th] . As doenças são factores naturais importantes que limitam a produção de cereais e leguminosas em vários casos, e podem ser responsáveis por perdas de 100 por cento, segundo Sight e Ahmad (1997); Odoemenem e Inakwu, (2011).

Os resultados revelaram ainda que a falta de instalações de armazenamento (45,9%) é outro fator que prejudica a produção de cereais e leguminosas em pequena escala, classificada em 8th . Isto pode dever-se ao facto de a maioria das casas dos agricultores ser utilizada para guardar os seus produtos.

Quadro 11: CONSTRANGIMENTOS DA PRODUÇÃO DE CEREAIS E LEGUMES

Variável	Frequência	Percentagem	Classificação
Variedade de sementes	148	85.1	1
Sistema de propriedade da terra	136	78.2	2
Custo dos factores de produção	135	77.6	3
Falta de visitas de extensão	123	70.7	4
Falta de crédito	113	64.9	5
Sistema de marketing	100	57.5	6

deficiente

| Problemas de pragas/doenças | 91 | 52.3 | 7 |

| Instalações de armazenamento deficientes | 79 | 45.9 | 8 |

Fonte: Dados do inquérito no terreno,   2016*Registo de respostas múltiplas

N.B. A análise envolveu respostas múltiplas

4.6 Teste de Hipótese

4.6.1 Teste ANOVA para a diferença significativa entre grupos para o rendimento de cereais e leguminosas e dentro do grupo de agricultores

O Quadro 12 mostra que o valor F $(1,17)$ é significativo ao nível de 5% de probabilidade para a diferença significativa de rendimento entre os grupos. Por conseguinte, rejeita-se a hipótese nula 4, que estipulava que não existe uma diferença significativa no rendimento entre os grupos.

Além disso, o quadro 12 mostra que o valor F $(1,324)$ não é significativo para a diferença de rendimento no grupo de agricultores, pelo que se aceita a hipótese nula 4, que estipula que não há diferença significativa de rendimento entre os grupos de agricultores.

Quadro 12 : ANOVA PARA A DIFERENÇA DE RENDIMENTO DENTRO DO GRUPO E ENTRE GRUPOS DE CULTURAS

	Soma de quadrados	Df	F	Sig.	Regra de decisão
Entre grupos	175.272	117	1.717	0.013	Rejeitar H_o
Dentro do grupo	48.000	55	1.324	0.233	Aceitar H_o
Total	223.272	172			

Fonte: Resultado do inquérito de campo, 2016.

4.6.2 Resultado do teste T

O resultado do teste t para o rendimento dos cereais e das leguminosas é apresentado no quadro 13.

O resultado indica que o rendimento dos cereais não é significativamente diferente do das

leguminosas. Por conseguinte, a hipótese nula 3, que estipulava que não há diferença significativa

nos rendimentos das empresas de cereais e leguminosas, é aceite.

Quadro 13: TESTE DE DIFERENÇA DAS RENDAS DA PRODUÇÃO DE CEREAIS E LEGUMES

	T	Df	Sig (2 caudas)	Regra de decisão
Assume-se uma variância igual	-1.280	77	0.204	Aceitar H_0
Não se assume uma variância igual	-1.273	15.090	0.207	

Fonte: Resultado do inquérito de campo, 2016.

CAPÍTULO 5. CONCLUSÕES E RECOMENDAÇÕES

5.1 Conclusão

Este estudo foi efectuado com o objetivo de analisar e comparar os rendimentos da produção de cereais e leguminosas no Estado de Nassarawa, na Nigéria. A maioria dos agricultores inquiridos era casada e encontrava-se na faixa etária produtiva entre os 20 e os 40 anos, o que indica a existência de mão de obra familiar. A produção de cereais e de leguminosas na zona de estudo é rentável e os agricultores são eficientes do ponto de vista operacional. Os factores socioeconómicos influenciam significativamente o rendimento dos agricultores. Não existe uma diferença significativa entre os rendimentos dentro e entre os vários grupos de culturas. Os factores de produção agrícola (dimensão da exploração, mão de obra, sementes, pesticidas e fertilizantes) influenciaram significativamente a produção de cereais e leguminosas no Estado de Nasarawa, na Nigéria. A falta de variedades de sementes melhoradas, o custo elevado dos fertilizantes e pesticidas, o sistema de posse da terra, a falta de agentes de extensão, o acesso limitado ao crédito, o sistema de comercialização deficiente, as instalações de armazenamento deficientes, o problema do ataque de insectos e doenças são os constrangimentos à produção de cereais e leguminosas no Estado de Nasarawa, na Nigéria.

5.2 Recomendações

Com base nos resultados obtidos e na conclusão acima referida, foram recomendadas as seguintes medidas

1. É necessária uma educação e formação eficazes para desenvolver e reforçar a capacidade dos agricultores, uma vez que o estudo revelou que os agricultores têm qualificações educacionais relativamente baixas. Isto permitirá que os agricultores e as pessoas da zona respondam proactivamente às inovações na produção de culturas e compreendam os princípios científicos em ação nas suas actividades, estimulando-os também a conhecer melhor as estratégias de adaptação aos tempos de mudança. Por conseguinte, o governo e as organizações não governamentais devem conceber programas e políticas eficazes de alfabetização de adultos na região, que incentivem os agricultores a melhorar os seus níveis de educação.

2. Os factores de produção agrícola (adubos inorgânicos, variedades de sementes melhoradas e produtos químicos) e os subsídios devem estar prontamente disponíveis. Os agricultores devem beneficiar de facilidades de crédito, de serviços de extensão e de sistemas de mercado adequados. O crédito aos agricultores foi considerado inadequado. A concessão de crédito adequado aos agricultores é, por conseguinte, imperativa. Esta medida contribuirá para melhorar a produção dos agricultores. O aumento da produção conduz a um aumento dos rendimentos e dos investimentos de capital no sector agrícola.

3. O governo também deve encorajar os agricultores a melhorar as infra-estruturas agrícolas, uma vez que estas foram identificadas como um dos principais desafios enfrentados pelos pequenos agricultores para melhorar a produção agrícola no estado de Nasarawa, entre outros.

4. Reconhecendo os contributos vitais das leguminosas para grão e dos cereais para a segurança alimentar e o rendimento de muitos milhões de nigerianos, bem como para a redução da pobreza e o desenvolvimento económico e as oportunidades crescentes de expansão da produção de leguminosas, deveria haver um esforço consciente e deliberado para promover a produção de leguminosas e cereais não só no Estado de Nasarawa mas em toda a Nigéria. A atenção concentrada nas raízes e nos tubérculos faz com que seja uma estratégia deficiente para garantir a segurança alimentar a longo prazo para os nigerianos, uma vez que são necessários alimentos energéticos (hidratos de carbono) e alimentos para a construção do corpo (proteínas) para que um povo esteja bem nutrido e em segurança alimentar. A obtenção de segurança alimentar deve incluir atributos nutricionais, em que a dieta auxiliar necessita de proteínas de alta qualidade provenientes de leguminosas que desempenham um papel importante.

5. Embora a agricultura nigeriana tenha sido capaz de aumentar drasticamente a produção através de melhorias tecnológicas, os dados disponíveis mostram que o número total de pessoas subnutridas e famintas também aumentou. Por conseguinte, há necessidade de montar programas agressivos para aumentar a produção de leguminosas para grão, que são alimentos proteicos muito vitais para combater a subnutrição e complementar os cereais para alcançar a segurança alimentar.

6. Na última década, o Governo Federal tentou mudar a sorte do sector agrícola. Não obstante, é nossa opinião que o potencial produtivo do sector está longe de ser realizado, uma vez que ainda há milhões de nigerianos subnutridos e em situação de insegurança alimentar. Por conseguinte, é um imperativo económico e de sobrevivência nacional que sejam concebidas estratégias para impulsionar e sustentar a produção de leguminosas e cereais para satisfazer as necessidades domésticas e industriais presentes e futuras, e para exportação.

7. Os sistemas de investigação agrícola devem ser reorientados em termos de conteúdo, a fim de responderem melhor às necessidades específicas dos pequenos agricultores de cereais e leguminosas e aos desafios emergentes na agricultura. Isto exige institutos de investigação específicos para os produtos de base das leguminosas e dos cereais. Com esses institutos, os investigadores prestarão mais atenção ao desenvolvimento e à adoção de tecnologias do que no passado. Além disso, deve haver um financiamento adequado da investigação sobre leguminosas e da sua divulgação junto das várias partes interessadas. O trabalho de investigação biotecnológica está a expandir-se em todo o mundo. A Nigéria não deve ser deixada para trás e deve empregar os seus recursos na investigação biotecnológica para gerar sementes de leguminosas melhoradas que sejam localmente adequadas para uma elevada produtividade, maturidade precoce e resistentes a doenças.

5.3 Sugestão para estudos futuros

Deve ser efectuado um estudo sobre a eficiência da produção de cereais e leguminosas para complementar as conclusões sobre a desigualdade de rendimentos que existe entre as duas culturas, bem como sobre os efeitos da política governamental na eficiência dos agricultores de cereais e leguminosas, a fim de dar uma ideia mais clara da utilização dos recursos e da produção.

A atenção concentrada nas raízes e nos tubérculos faz com que seja uma estratégia pobre para garantir a segurança alimentar a longo prazo para os nigerianos, uma vez que são necessários alimentos energéticos (hidratos de carbono) e de construção do corpo (proteínas) para que um povo esteja bem nutrido e com segurança alimentar. A obtenção de segurança alimentar deve incluir atributos nutricionais, em que a dieta auxiliar necessita de proteínas de alta qualidade provenientes de leguminosas que desempenham um papel importante.

REFERÊNCIAS

Abbat, J.C. e Makehan, J. P. (1992). Agricultural Economics and Marketing in the Tropics. 2nd edition, Longman Group, UK Ltd, England. p. 102

Abu, G.A. (2007). Comparative analysis of resource- use efficiency between participant and non participant farmers in special crop programme in Benue State, tese de doutoramento apresentada no Departamento de Economia Agrícola e Sociologia Rural, Faculdade de Agricultura, Universidade Ahmadu Bello, Zaria, Nigéria. 33-34pp

Abu, G.A., Ater, P.I. e Abah, D. (2012). Eficiência de lucro entre os agricultores de gergelim no estado de Nasarawa, Nigéria. *Current Research Journal of Social Sciences 4(4):* 261-268

Adebayo, C.O, Akogwu, G.O e Yisa, E S. (2012). Determinantes da diversificação dos rendimentos Entre os agregados familiares agrícolas no Estado de Kaduna: Application of Tobit Regression Model. *Jornal de Produção e Tecnologia Agrícola.* Vol8 *(2): 1-10*

Ahmadu, J. e Erhabor, P. O. (2012). Determinantes da Eficiência Técnica dos Produtores de Arroz no Estado de Taraba, Nigéria. *Jornal Nigeriano de Agricultura, Alimentação e Ambiente.8(3):78-84*

Ajibefun, I.A. (2000). Utilização de modelos econométricos na análise da eficiência técnica. An Application to the Nigerian Small Scale Farmers. Conferência Anual de 2000 sobre Estatísticas de Transportes e Desenvolvimento Nacional, realizada no Lagos Airport Hotel, Ikeja, Lagos, 29 de novembro. Programa e resumo dos trabalhos da conferência.

Ajibefun, I.A.(2002). Analysis of Policy Issues in Technical Efficiency of Small Scale Farmers Using the Stochastic Frontier Production Function: With Application to Nigerian Farmers. Documento preparado para apresentação no Congresso da Associação Internacional de Gestão Agrícola, Wageningen, Países Baixos, julho de 2002

Ajibefun, I.A. e Daramola, A.G.(2003). Determinants of technical and allocative efficiency of micro enterprises: Firm level evidence from Nigeria. *Banco Africano de Desenvolvimento,* pp. 353-395.

Akaamaa W.W., Onoja S. B. e Nwakonobi T. U. (2014). Avaliação da Formação Hidrogeológica da Área de Governo Local de Obi do Estado de Nasarawa para a localização de furos. 10 (2):168-185; ISSN: 07945213.

Akinwunmi, J.A. (1999). Mobilising Small - Scale Savings through Co-operative Savings and Credit Associations (Mobilização de poupanças de pequena escala através de associações cooperativas de poupança e crédito). Em Mobilising Savings Among Non - Traditional Users of the Banking Industry in Nigeria.V.OAkinyosoye (Ed) Ibadan University Press, Ibadan. Pp6-11.

Ani, D.P.(2010). Eficiência produtiva dos agricultores de Benue que utilizam leguminosas alimentares como agente de restauração do solo. Tese de mestrado apresentada no Departamento de Economia Agrícola, Faculdade de Economia Agrícola e Extensão. Universidade de Agricultura, Makurdi.

Asheim, G.B. (1994), "Net National Product as an Indicator of Sustainability", *Scandanvian Journal of Economics,96,* 257-265.

Ater, P.I.(2003). A Comparative Analysis of Productivity Response and Poverty Alleviation among Beneficiaries and Non Beneficiaries of World Bank Assisted Dry Season Fadama Entreprises in Benue State Nigeria. Tese de doutoramento, não publicada. Makurdi: Universidade Federal de Agricultura.

Babatunde, R.O. (2008). Income Inequality in Rural Nigeria: Evidence from Farming Households Survey Data (Dados do inquérito aos agregados familiares agrícolas). *Australian Journal of Basic and Applied Sciences, 2*(1): 134140.

Baruwa, O.I. (2013). Rentabilidade e constrangimentos da produção de ananás no Estado de Osun, Nigéria. *Journal of Horticultural Research.* 21(2):59-64.

Bime, M.J., Fouda, T.M., e Mai-Bong, J.T. (2014). Análise da Rentabilidade e dos Canais de Comercialização do Arroz: Um Estudo de Caso do Vale do Rio Menchum, Região Noroeste, Camarões. *Jornal Asiático de Agricultura e Desenvolvimento Rural, 4*(6): 352-360.

Chirwa, E.W. (2005). Macroeconomic Policies and Poverty in Malawi: Can We Infer from Panel Data. Relatório de Investigação. NW Washington D.C.: Rede de Desenvolvimento Global (GDD).

Djomo, C.R.F. (2014). Análise da Eficiência Técnica e Rentabilidade na Produção de Arroz em Pequena Escala na Região Oeste dos Camarões. Dissertação de Mestrado apresentada ao Departamento de Economia Agrícola. Universidade de Agricultura, Estado de Makurdi-Benue, Nigéria.

Douglas, M. (1973). "On the Investigation of Alternative Regressions by Principal Component Analysis" [Sobre a investigação de regressões alternativas por análise de componentes principais]. *Journal of the Royal Statistical Society, Série C22* (3): 275-286.

Effiong, E.O (2005). Eficiência da produção em empresas pecuárias selecionadas em Akwa Ibom

Estado, Nigéria. Dissertação de doutoramento, Departamento de Economia Agrícola, Universidade de Agricultura Michael Okpara, Umudike, Nigéria.

Ekunwe, P.A, Orewa, S.I e Emokaro, C.O. (2008) Resource Use Efficiency in Yam Production in Delta and Kogi State, Nigeria. *Jornal Asiático de Investigação Agrícola.* 2008;2(2):61-69.

Eisner, R. (1988), "Extended Accounts for National Income and Product", *Journal of Economic Literature,* 26(4), 1611-1684.

Ellis, F. (2000). The Determinants of Rural Livelihood Diversification in Developing Countries [Os factores determinantes da diversificação dos meios de subsistência rurais nos países em desenvolvimento]. *Journal of Agricultural Economics.* 51(2):289-302.

Organização das Nações Unidas para a Alimentação e a Agricultura (FAO) (1998). The State of Food and Agriculture, 1998. Organização das Nações Unidas para a Alimentação e a Agricultura, Roma.

Freedman, D.A. (2009). Statistical Models: Theory and Practice. Cambridge University Press. P26

Heinrichs, E.A. e Barrian. A.T. (2004). Insectos que se alimentam de arroz e inimigos naturais selecionados na África Ocidental: Biology, Ecology, and Identification. Los Bamos, Filipinas.144pp

Hicks, J.R. (1939), Value and Capital; An Inquiry into Some Fundamental Principles of Economic Theory (Oxford University Press).

Ibekwe, U.C. (2010). Determinantes do rendimento entre os agregados familiares agrícolas na Zona Agrícola de Orlu do Estado de Imo, *Nigeria Journal of Report and Opinion, vol 2*(8): 32-35.

Ibekwe, U.C.,Eze, C.C.,Onyemauwa, C.S.,Henri-Ukoha,A.,Korie O.C. eNwaiwuI.U. (2010). Determinantes do rendimento agrícola e extra-agrícola entre os agregados familiares agrícolas no Sudeste da Nigéria. *Academia Arena, vol 2*(10): 58-61.

Instituto Internacional de Agricultura Tropical (2007). Relatórios anuais. www.iita.org. acedido em 7/09/2016

Instituto Internacional de Agricultura Tropical (2011). Relatórios anuais. www.iita.org. acedido em 7/09/2016

Johnson, D.T. (1990). The Business of Farming: A guide to Farm Business Management in the Tropics 2nd edition, Publishers Macmillan education Ltd, London and basing Stoke. P.43.

Kiritani, K. (1979). Gestão de pragas no arroz. *Revisão anual. Entomophaga. 8*(4):279 312.

Kerlinger, F.N. (1973). Foundation of Behavioural Research. New York. Holt. Rinehand and Hinston.

Li, Y.L. (1982). Controlo Integrado de Insectos e Pragas do Arroz na Província de Guangdong da China. Entomophaga. 27: pp. 81-88.

Lanjouw, P. (1999). Rural Non-Agricultural Employment and Poverty in Ecuador (Emprego rural não agrícola e pobreza no Equador). *Economic Development and Cultural Change* 48(1):91-122.

Luka, E. G. e Yahaya, H. (2012). Fontes de sensibilização e perceção dos efeitos das alterações climáticas entre os produtores de sésamo na Zona Agrícola Sul do Estado de Nasarawa, Nigéria. *Jornal de Extensão Agrícola, 16 (2):* 134-143.

Maddison, D. (2006). A perceção de uma adaptação às alterações climáticas em África. Documento de discussão CEEPA n.º 10, CEEPA, Universidade de Pretória, África do Sul.

Mafimisebi, T.E., Okunmadewa, F.Y., &Oluwatosin,F.M.(2004). Gestão e Administração de Riscos em Empresas de Culturas pelo Esquema de Seguro Agrícola da Nigéria no Estado de Oyo, Nigéria. *The Ogun Journal of Agricultural Science;* 3(1): 26 - 44.

Maliwichi, L.L. Pfumayaramba, T.K. e KatlegoT. (2014). Uma Análise dos Constrangimentos que Afectam os Pequenos Agricultores na Produção de Tomates em Ga-Mphahlele, Município de Lepelle Nkumbi, Província do Limpopo, África do Sul. *Jornal de Humanidades e Ecologia, 47(3):* 269-274.

Mwabu, G. e Torbecke, E. (2001). Rural development, economic growth and poverty reduction in Sub Saharan Africa (Desenvolvimento rural, crescimento económico e redução da pobreza na África Subsariana). Documento apresentado no AERC, seminário bianual de investigação, 1-6 de dezembro, Nairobi. PP. 1-34.

Governo do Estado de Nasarawa (2006). Ministério da Informação. Relatório anual de Lafia.

Programa de Desenvolvimento Agrícola de Nasarawa (NADP) (2010). Dois mil e seis Extensão

Norman, D.Y. (1975). Economic Analysis of Agricultural Production and Labour Utilization among the Hausa in the North of Nigeria (Análise económica da produção agrícola e da utilização da mão de obra entre os Hausa no Norte da Nigéria). *Africa Rural Employment*, 4:5-8.

Obike, K, Chukwuemeka, U., Orji O., e Ezeh, C.I (2011). Os determinantes do rendimento entre os agregados familiares agrícolas pobres da Direção Nacional de Emprego (Nde) no Estado de Abia, Nigéria. *Jornal de Desenvolvimento Sustentável em África Vol 13(3):* 176-182.

Odoemenem, I.U e Inakwu, J.A. (2011). Análise económica da produção de arroz no Estado de Cross River, Nigéria. *Jornal de Desenvolvimento e Economia Agrícola, Vol.3(9):469-474.*

Ogungbile, A.O, Tabo, R e Rahman, S.A. (2003) Factores que afectam a adoção das variedades de sorgo ICSV 111 e ICSV 400 na savana da Guiné e do Sudão na Nigéria. *Plant Scientist.* 2002;3:21-32.

Olayide, S.O. e Heady, E.O. (1982). Introduction to Agricultural Production Economics. Imprensa da Universidade de Ibadan, Nigéria. Pp 154-173.

Olatona, M.O.(2007). Produção Agrícola e Rendimento dos Agricultores no Distrito de Afon Projeto B.sc não publicado, Departamento de Geografia, Universidade de Ilorin. *Jornal de Ciências Empresariais, vol 8* (12):32-3

Olawepo, R.A. (2010). Determinação do rendimento dos agricultores rurais: A Rural Nigeria Experience. Jornal de Estudos Africanos e Desenvolvimento Vol. 2 (2): 15-26

Olayemi, J.K. (2001) "A Survey of Approaches To Poverty Alleviation. A Paper Presented at NCEMA National Workshop on Integration of Poverty Alleviation Strategies into Plans and Programmes in Nigeria, Ibadan.

Olukosi, J.O. e Ogungbile, A.O. (1982). Introdução à economia da produção agrícola: Principles and Application. Agitab Publication Ltd, Samaru- Zaria. p.9.

Olukosi, J.O. e Ogungbile, A.O. (1982). Introdução à economia da produção agrícola: Principles and Application. Agitab Publication Ltd, Samaru- Zaria. p.9.

Olukosi, J.O. e Erhdor, P.O. (1989). Introduction to Farm Management Economics. Agitab Publishers, Samaru-Zaria, P.O. BOX 561. pp.77-83.

Oniah, M.O. Kuye, O.O., e Idiong, I.C. (2008). Efficiency of resource use in small scale swamp rice production in Obubura Local Government area in cross river state, Nigeria *Journal of Scientific Research 5(3): 145-148*

Ovharhe, J.O, Okoedo-Okojie, D.U (2011). Avaliação da Comunicação de Informação Agrícola entre os Suinicultores no Estado do Delta, Nigéria. *In:* Erhabor PO, Ada- Okungbowa CI, Emokaro CO, Abiola MO (eds). From Farm to Table: Whither Nigeria. Actas da 12ª Conferência Nacional Anual da Associação Nacional de Economistas Agrícolas (NAAE). 518-523.

Owor, A.A. (2011). Análise económica da produção de soja no Estado de Benue. Dissertação de mestrado apresentada ao Departamento de Economia Agrícola. Faculdade de Economia Agrícola e Extensão. Universidade de Agricultura, Makurdi.

Parvin, M.T. andAkteruzzaman, M. (2012).Factores que afectam o rendimento agrícola e não agrícola dos *habitantes de hao rinhabitants* do Bangladesh. *Progress. Agric. 23*(1 & 2): 143 - 150.

Penda, S.T. e Asogwa, B.C. (2011). Eficiência e rendimento entre os agricultores rurais na Nigéria. *Journal of agriculture and Management (3): 173-179.*

Piebeb, G. (2008). Evaluating the Constraints and Opportunity for sustainable Rice Production in Cameroon (Avaliação dos constrangimentos e oportunidades para a produção sustentável de arroz nos Camarões). *Revista de Investigação em Agricultura e Ciências Biológicas. 4*(6): 734-744.

Raymond, P.P. (2004). Da secretária do editor. Inovação para a manutenção e melhoria duradoura e a longo prazo dos recursos agrícolas, da produção e da qualidade do ambiente. *Journal of Sustainable Agriculture. Food production Press 20* (4):19-23.

Sankhayan, P. (1988). Introduction to the Economics of Agricultural Production. Prentice-Hall of India Private Ltd New Delhi, p.87

Schrire, B.D., Lewis, G.P. & Lavin, M. (2005). Biogeografia de Leguminosae. Em Lewis, G., Schrire, B., Mackinder, B. & Lock, M. (eds.) (2005). Legumes of the World. Kew: Royal Botanic Gardens, Kew. 21 - 54.

Sharma, H.C., Sharma, K.K., e Ortiz, N.S.R.(2001). Genetic transformation of crop plants risks and opportunities for the rural poor. *Current science 80* (12):1495-1508.

Singh, M.O. e Mowa, Y.A. (1997). Ambientes de cultivo de arroz e limitações biofísicas em diferentes zonas agro-ecológicas da Nigéria. Met, I, 2(I): pp.35-44.

Tibshirani, R. (1996). "RegressionShrinkage and Selection via the Lasso". *Journal of the Royal Statistical Society, Série B58* (1): 267-288

Umar, H. S., Okoye, C. U. e Agwale A. O. (2011) Análise da produtividade da produção de gergelim sob aplicações de fertilizantes orgânicos e inorgânicos na Área do Governo Local de Doma, Estado de Nasarawa, Nigéria. *Tropical and Subtropical Agroecosystems 14 (1):405-411.*

Umeh, J.C. e Ataborh, E.M. (2011). Eficiência dos produtores de arroz na Nigéria: Potentials for Food Security andPovertyAlleviation.IFMA 16 - Tema 3. pp. 1-13

Weitzman, M. (1976), "On the Welfare Significance of National Product in a Dynamic Economy", *Quarterly Journal of Economics,* 90, 156-162.

Banco Mundial (1993). A Strategy to Develop Agricultural in Sub Sahara Africa and a Focus for the World Bank. *Documento Técnico do Banco Mundial Número 203.* Série do Departamento Técnico de África. www.watermunde.tripod.com. Avaliado em 21 de junho de 2014

Yusuf, O. (2005). Economics analysis of 'egusi' melon production in Okehi Local Government Area of Kogi State, Tese de Mestrado não publicada, Departamento de Economia Agrícola e Sociologia Rural, Universidade Ahmadu Bello, Zaria, Pp. 0-41.

QUESTIONÁRIO A PREENCHER PELOS INQUIRIDOS

Caro(s) inquirido(s)

Trata-se de uma investigação académica sobre a comparação dos rendimentos da produção de cereais e leguminosas no Estado de Nassarawa, na Nigéria. Está a ser realizado em cumprimento parcial da atribuição do grau de Mestre em Economia Agrícola da Universidade de Agricultura, Makurdi. Como um dos agricultores do Estado de Nassarawa, selecionei-o como inquirido, cujas opções são muito importantes para este estudo. As informações fornecidas serão utilizadas apenas para fins académicos e serão tratadas com a máxima confidencialidade. Deve preencher assinalando a opção/preenchendo as lacunas que se aplicam a si.

Muito obrigado desde já.

QUESTIONÁRIO DE INVESTIGAÇÃO

Tópico: Comparação dos rendimentos das pequenas empresas de culturas de cereais e leguminosas no Estado de Nasarawa

Instruções: Por favor, preencha os espaços em branco e assinale os que forem necessários. Todas as informações fornecidas serão tratadas como confidenciais e utilizadas de forma segura para efeitos desta investigação.

LOCALIZAÇÃO (COMUNIDADE) ....

DATA DA ENTREVISTA ....

ENUMERADOR ....

TIPOS DE CULTURAS CULTIVADAS ....

SECÇÃO A: CARACTERÍSTICAS SOCIOECONÓMICAS

1. Sexo: Masculino ( ) Feminino ( )

2. Idade (em anos) ....

3. Estado Civil: Casado ( ) Solteiro ( ) Divorciado ( ) Viúvo ( )

4. Número de membros do agregado familiar ....

5. Quantos anos passaste na escola? ....

6. Qual é o seu rendimento médio anual não agrícola? ....Naira

SECÇÃO B: SISTEMAS DE GESTÃO DAS EXPLORAÇÕES AGRÍCOLAS

7. Há quantos anos está a trabalhar na agricultura? ....

8. Qual é a dimensão da sua exploração agrícola em hectares? ....

9. Qual é o seu modo de exploração agrícola? A tempo inteiro ( ) A tempo parcial ( )

10 (a). Como é que obteve a sua terra? 1-Comprada/ herança ( ) 0- caso contrário ( )

(b). Em caso de compra, qual o montante da compra .... Naira

11. Mantém registos? 1-Sim ( ) 0-Não ( )

12. Quais são as variedades de culturas que cultiva? 0-Local ( ) 1-variedades melhoradas ( )

13. Qual é a sua fonte de trabalho? Familiar ( ) Contratada ( ) Ambas ( )

14. (a) Recebeu a visita de um técnico de extensão agrícola? a) Sim, b) Não

(b). Em caso afirmativo, quantas vezes foi visitado por um funcionário da extensão agrícola num ano?....

15. (a). Teve acesso a crédito durante a última campanha agrícola? Sim= 1, Não = 0

(b). Em caso afirmativo, qual o montante do crédito que recebeu? .... naira

SECÇÃO C: INFORMAÇÕES SOBRE CUSTOS E RECEITAS

16. Quantos quilogramas realizou no ano passado? ....

17. Quantos quilogramas consumiu no ano passado? ....

1 8.

Exploração agrícola	N.º de dias	Número de trabalhadores	Custo unitário (Naira)	Custo total (Naira)
Limpeza de terrenos				
Plantação				
Monda				
Aplicação de fertilizantes				
Aplicação de herbicidas				
Colheita				
Transporte				
Total				

19. Preencha o quadro seguinte

Implementos	Quantidade	Preço unitário (Naira)	Custo total (Naira)
Enxadas			
Cutelo			
Cesto			
Carrinho de mão			
Outros			

20. Preenche o quadro seguinte

Recursos	Quantidade	Preço unitário (Naira)	Custo total (Naira)
Sementes			
Herbicidas			
Fertilizante			

21. Quanto é que vendeu por quilograma? ....

22. Quanto é que gastou na produção? ....

23. Quanto é que ganhou com a produção? ....

SECÇÃO D: CONDICIONALISMOS DA PRODUÇÃO

24.

	Variáveis	Sim	Não
1	Falta de visitas de agentes de extensão		
2	custo dos factores de produção		
3	Ataque de insectos e doenças		
4	Instalações de armazenamento deficientes		
5	Sistemas de comercialização deficientes		
6	Regime de propriedade da terra		
7	Acesso limitado ao crédito		
8	Falta de variedades de sementes melhoradas		

Printed by Books on Demand GmbH, Norderstedt / Germany